学天教育

最新版 二级建造师执业资格考试

通关必做

>>>

建筑工程管理与实务

学天教育教学研究院 编

主 编：凌 杰
顾 问：魏国安
成 员（按姓氏笔画排序）：
马明宇 王君雅 刘 滢
陆鲜琳 周 建

浙江工商大学出版社
ZHEJIANG GONGSHANG UNIVERSITY PRESS

·杭州·

图书在版编目（CIP）数据

建筑工程管理与实务 / 学天教育教学研究院编 . —
杭州 : 浙江工商大学出版社 , 2024.9
二级建造师执业资格考试通关必做
ISBN 978-7-5178-5958-1

Ⅰ . ①建… Ⅱ . ①学… Ⅲ . ①建筑工程－工程管理—
资格考试－自学参考资料 Ⅳ . ① TU71

中国国家版本馆 CIP 数据核字 (2024) 第 030565 号

二级建造师执业资格考试通关必做　建筑工程管理与实务
ER JI JIANZAOSHI ZHIYE ZIGE KAOSHI TONGGUAN BIZUO　JIANZHU GONGCHENG
GUANLI YU SHIWU

学天教育教学研究院　　编

策划编辑	周敏燕
责任编辑	刘　焕
责任校对	杨　戈
封面设计	河南天晖卓创文化传播有限公司
责任印制	祝希茜
出版发行	浙江工商大学出版社

（杭州市教工路 198 号　邮政编码 310012）

（E-mail: zjgsupress@163.com）

（网址: http://www.zjgsupress.com）

电话: 0571-88904980, 88831806（传真）

排　　版	学天教育图书出版组
印　　刷	杭州印美捷印务有限公司
开　　本	787 mm × 1092 mm　1/16
印　　张	14.5
字　　数	270 千
版 印 次	2024 年 9 月第 1 版　2024 年 9 月第 1 次印刷
书　　号	ISBN 978-7-5178-5958-1
定　　价	50.00 元

前言
PREFACE

为满足我国建筑业快速发展、规模不断扩大的需求，以及加快产业升级，2002年原人事部和建设部联合颁发了《建造师执业资格制度暂行规定》（人发〔2002〕111号），对从事建设工程项目总承包及施工管理关键岗位的专业技术人员实行建造师执业资格制度。我国的建筑业企业应对标世界一流的施工企业，深入查找薄弱环节，健全工作制度、完善运行机制、优化管理流程、明确岗位职责，加强管理体系建设和管理能力建设，加强建设工程的项目管理，全面提升管理能力和水平。

实行建造师执业资格制度后，我国大中型工程施工项目负责人由取得注册建造师资格的人士担任，以提高工程施工管理水平，保证工程质量和施工安全。建造师是懂管理、懂技术、懂经济、懂法规，综合素质较高的综合型人才，既有较高的理论水平，又有丰富的实践经验和较强的组织能力。二级建造师执业资格考试共有3门考试科目，包括2门公共科目（建设工程施工管理、建设工程法规及相关知识）和1门专业实务科目（专业工程管理与实务），其中，专业实务科目分为建筑工程、市政公用工程、机电工程、公路工程、水利水电工程和矿业工程6个专业类别，考生需要在连续2个考试年度内通过2门公共科目和1门专业实务科目考试。

本书以提供练习题为主，共分为3部分：夯实基础、巩固提升和参考答案及解析。第一部分夯实基础按照教材章节顺序编写，包含单项选择题、多项选择题和案例题3种题型，编者对一些综合性很强的案例题进行细致剖析，化繁为简，以便于学员吸收消化。第二部分巩固提升包含3套闭环测试卷，其按照"基础—进阶—冲刺"的顺序层层递进，有助于学员测评当前的综合水平，让学员在当前阶段查漏补缺，进而明确下一阶段的学习方向。第三部分是参考答案及解析，学员可以按照本书的编写顺序来学习。本书可供学员在学习过程中查漏补缺，不断巩固提高，从而更好地复习备考，冲刺通关。

最后预祝各位考生都能通过考试，取得二级建造师执业资格证书，成为懂法规、通技术、善管理的工程管理人员，为我国建筑行业添砖加瓦，作出自己的一番贡献。

学天教育教学研究院

亲爱的同学们：

你们好！须知少时凌云志，曾许人间第一流。鸟欲高飞先振翅，人求上进先读书。和不一样的人在一起，就会有不一样的人生。你们所选择的不仅仅是学历教育，更是未来的前途和人生方向。

对建筑工程管理与实务科目的学习，惟有经历"大水漫灌"之辛苦，才能收获"精准滴灌"之成效。当你无法一步从一楼跳到三楼时，请不要忘记走楼梯。在漫漫考试路上，若"付出"轻如鸿毛，则"后悔"必重如泰山！找大月已星解决问题的惟一方法；改变月已星走向语大的必选之路。日拱一卒，功不唐捐。战锋潜翼，思属风云！

樱其鸣矢，求其友声。我们坚信，在二级建造师考试中，蟾宫折桂必有你！

魏国安

本书特色

明确篇章的重要性，学员可针对不同分值，结合自身实际情况，更有目标地学习

二级建造师执业资格考试
《建筑工程管理与实务》分值分布表

	篇章名称		预计分值
第1篇 建筑工程技术	第1章	建筑工程设计与构造要求	5～7
	第2章	主要建筑工程材料性能与应用	5～7
	第3章	建筑工程施工技术	25～30
第2篇 建筑工程相关法规与标准	第4章	相关法规	2～3
	第5章	相关标准	4～6
第3篇 建筑工程项目管理实务	第6章	建筑工程企业资质与施工组织	11～15
	第7章	施工招标投标与合同管理	11～15
	第8章	施工进度管理	7～10
	第9章	施工质量管理	10～14
	第10章	施工成本管理	3～5
	第11章	施工安全管理	8～12

参考答案及解析

夯实基础

第1章 建筑工程设计与构造要求

1.1 建筑设计构造要求

一、单项选择题

1.【参考答案】C

【学天解析】民用建筑按地上高度和层数分类如下：

（1）单层或多层民用建筑：建筑高度不大于27.0 m的住宅建筑、建筑高度不大于24.0 m的公共建筑及建筑高度大于24.0 m的单层公共建筑。

（2）高层民用建筑：建筑高度大于27.0 m的住宅建筑和建筑高度大于24.0 m且不大于100.0 m的非单层公共建筑。

（3）超高层建筑：建筑高度大于100 m的民用建筑。

2.【参考答案】C

【学天解析】结构体系包含上部结构：墙、柱、梁、屋顶；地下结构：基础。

3.【参考答案】D

【学天解析】实行建筑高度控制区内建筑高度，其建筑高度应以绝对海拔高度控制建筑物室外地面至建筑物和构筑物最高点的高度。则该房屋的建筑高度为21.300—（—0.300）=21.600 m。

4.【参考答案】B

【学天解析】阳台、外廊、室内回廊、内天井、上人屋面及室外楼梯等临空处应设置防护栏杆，临空高度在24 m以下时，栏杆高度不应低于1.05 m；临空高度在24 m及以上时，栏杆高度不应低于1.10 m。

5.【参考答案】D

【学天解析】砌筑墙体应在室外地面以上、位于室内地面垫层处设置连续的水平防潮层；室内相邻地面有高差时，应在高差处墙身贴临土壤一侧加设防潮层；室内墙面有防潮要求时，其迎水面一侧应设防潮层；室内墙面有防水要求时，其迎水面一侧应设防水层。

141

参考答案及解析

方便学员快速核对答案

第1章 建筑工程设计与构造要求

考情解密

罗列考点，明确对相关内容的学习要求

考 点	内容要求
建筑设计构造要求	1.了解建筑物分类 2.熟悉建筑构造要求、建筑室内物理环境技术要求、建筑隔震减震设计构造要求
建筑结构设计与构造要求	1.熟悉建筑结构体系和可靠性要求、结构设计基本作用（荷载）、混凝土结构设计构造要求 2.了解砌体结构设计构造要求、钢结构设计构造要求、装配式混凝土建筑设计构造要求

通关必做卷一（基础阶段测试）

试卷总分：120分

扫码查看
视频讲解

一、单项选择题（共20题，每题1分。每题的备选项中，只有1项最符合题目要求）

1. 关于民用建筑构造要求的说法，不正确的是（　　）。
   A.阳台等临空处应设置防护栏杆
   B.临空高度在24 m以下时，栏杆高度不应低于1.05 m
   C.室内楼梯扶手高度自踏步前缘线量起不应大于0.90 m
   D.上人屋面的临开敞中庭的栏杆高度不应低于1.2 m

2. 建筑抗震设防，根据其使用功能的重要性分为（　　）个类别。
   A.二   B.三
   C.四   D.五

3. 预应力混凝土楼板结构的混凝土最低强度等级不应低于（　　）。

3套试卷按"基础—进阶—冲刺"层层递进，与第一部分夯实基础的题目相呼应，考查学员对题目的掌握程度，助力学员提升自身水平，取得更高分值

根据考点设置案例题，让学员学会分析案例背景与问题之间的联系，从而掌握解题技巧，做到融会贯通

案例三

出题点：钢结构构件的连接

【背景资料】

某维修车间屋面梁设计为高强度螺栓摩擦连接。专业监理工程师在巡检时发现，施工人员在螺栓不能自由穿入时，现场用气割扩孔，扩孔后部分孔径达到设计螺栓直径的1.35倍。

【问题】

指出该事件中的错误之处，并说明理由。

二级建造师执业资格考试
《建筑工程管理与实务》分值分布表

篇章名称		预计分值
第1篇 建筑工程技术	第1章 建筑工程设计与构造要求	5～7
	第2章 主要建筑工程材料性能与应用	5～7
	第3章 建筑工程施工技术	25～30
第2篇 建筑工程相关法规与标准	第4章 相关法规	2～3
	第5章 相关标准	4～6
第3篇 建筑工程项目管理实务	第6章 建筑工程企业资质与施工组织	11～15
	第7章 施工招标投标与合同管理	11～15
	第8章 施工进度管理	7～10
	第9章 施工质量管理	10～14
	第10章 施工成本管理	3～5
	第11章 施工安全管理	8～12
	第12章 绿色施工及现场环境管理	7～10

第3、6、7、9章内容为本书的重点，第8、11、12章内容为本书的次重点。

第1～5章：易考题型为选择题。第6～12章：易考题型为案例题。因为试卷中仅有4道案例题，故很可能会分别对第7、10章，第8、9章，第3、4、9、11章等内容进行综合考查；对于偏技术要求的知识点，后面可能会以选择题的形式考查。

目录

CONTENTS

I

第二部分 巩固提升

第三部分 参考答案及解析

第一部分

夯实基础

第1章　建筑工程设计与构造要求

考情解密

考　点	内容要求
建筑设计构造要求	1. 了解建筑物分类 2. 熟悉建筑构造要求、建筑室内物理环境技术要求、建筑隔震减震设计构造要求
建筑结构设计与构造要求	1. 熟悉建筑结构体系和可靠性要求、结构设计基本作用（荷载）、混凝土结构设计构造要求 2. 了解砌体结构设计构造要求、钢结构设计构造要求、装配式混凝土建筑设计构造要求

1.1　建筑设计构造要求

Tips： 预测该节考试题型主要为单选题和多选题。

一、单项选择题

1. 下列民用建筑中，属于高层民用建筑的是（　　　）。

　　A.24 m高办公楼　　　　　　　　　　B.30 m高单层展览馆

　　C.30 m高住宅　　　　　　　　　　　D.110 m高酒店

2. 属于建筑物结构体系的是（　　　）。

　　A.屋面　　　　　　B.幕墙　　　　　　C.梁　　　　　　D.排水系统

3. 某实行建筑高度控制区内房层，室外地面标高为－0.300 m，屋面面层标高为18.000 m，女儿墙顶点标高为19.100 m，突出屋面的冰箱间顶面为该建筑的最高点，其标高为21.300 m，该房屋的建筑高度是（　　　）m。

　　A.18.300　　　　　　B.19.100　　　　　　C.19.400　　　　　　D.21.600

4. 室外楼梯临空高度在24 m以下时，栏杆高度不应低于（　　　）。

　　A.1.00 m　　　　　　　B.1.05 m　　　　　　　C.1.10 m　　　　　　　D.1.20 m

5. 墙体防潮、防水规定错误的是（　　　）。

　　A.砌筑墙体应在室外地面以上设置连续的水平防潮层

　　B.砌筑墙体应在室内地面垫层处设置连续的水平防潮层

　　C.有防潮要求的室内墙面迎水面应设防潮层

　　D.有防水要求的室内墙面背水面应设防水层

6. 建筑物高度相同、体积相等时，耗热量比值最小的平面形式是（　　　）。

　　A.正方形　　　　　　　　　　　　B.长方形

　　C.圆形　　　　　　　　　　　　　D.L形

7. 地震时使用功能不能中断或需尽快恢复的生命线相关建筑与市政工程，以及地震时可能导致大量人员伤亡等重大灾害后果，需要提高设防标准的建筑与市政工程属于（　　　）抗震设防类别。

　　A.甲类　　　　　　　　　　　　　B.乙类

　　C.丙类　　　　　　　　　　　　　D.丁类

8. 混凝土结构房屋以及钢–混凝土组合结构房屋中，框支梁、框支柱及抗震等级不低于二级的框架梁、柱、节点核芯区的混凝土强度等级不应低于（　　　）。

　　A.C25　　　　　　　　　　　　　B.C30

　　C.C35　　　　　　　　　　　　　D.C40

9. 当消能器采用支撑型连接时，不宜采用（　　　）布置。

　　A.单斜支撑　　　　　　　　　　　B."V"字形

　　C.人字形　　　　　　　　　　　　D."K"字形

二、多项选择题

1. 下列建筑中，属于公共建筑的有（　　　）。

　　A.宾馆　　　　　　　　　　　　　B.医院

　　C.宿舍　　　　　　　　　　　　　D.厂房

　　E.车站

2.关于楼梯空间尺度要求的说法，正确的有（　　　）。

  A.主要交通用的楼梯不应少于两股人流

  B.梯段净宽达四股人流时应加设中间扶手

  C.楼梯休息平台宽度不应小于梯段的宽度

  D.每个梯段的踏步不应超过18级，且不应少于3级

  E.室内楼梯扶手高度自踏步前缘线量起不宜小于0.90 m

1.2　建筑结构设计与构造要求

Tips： 预测该节考试题型主要为单选题和多选题。

一、单项选择题

1.关于框架-剪力墙结构，下列说法错误的是（　　　）。

  A.剪力墙主要承受水平荷载

  B.水平荷载主要由框架承担

  C.具有平面布置灵活、空间较大的优点

  D.框架-剪力墙结构适用于不超过170 m高的建筑

2.建筑结构的安全等级为一级时，对应的破坏后果是（　　　）。

  A.不严重　　　　　　　　　　B.严重

  C.较严重　　　　　　　　　　D.很严重

3.对梁变形影响最大的因素是（　　　）。

  A.材料性能　　　　　　　　　B.截面惯性矩

  C.跨度　　　　　　　　　　　D.荷载

4.普通民用住宅的设计使用年限为（　　　）。

  A.5年　　　　　　　　　　　B.25年

  C.50年　　　　　　　　　　　D.70年

5.预应力混凝土构件的混凝土最低强度等级不应低于（　　　）。

  A.C30　　　　　　　　　　　B.C35

C.C40　　　　　　　　　　　　　　　　D.C45

6. 预制剪力墙宜采用（　　　）。

A.一字形　　　　　　　　　　　　　　B.L形

C.T形　　　　　　　　　　　　　　　D.U形

7. 住宅建筑最适合体系为（　　　）。

A.网架结构　　　　　　　　　　　　　B.简体结构

C.混合结构　　　　　　　　　　　　　D.悬索结构

二、多项选择题

1. 关于剪力墙结构优点的说法，正确的有（　　　）。

A.结构自重大　　　　　　　　　　　　B.水平荷载作用下侧移小

C.侧向刚度大　　　　　　　　　　　　D.间距小

E.平面布置灵活

2. 建筑结构的可靠性包括（　　　）。

A.安全性　　　　　　　　　　　　　　B.适用性

C.经济性　　　　　　　　　　　　　　D.耐久性

E.美观性

3. 下列装饰装修施工事项中，所增加的荷载属于集中荷载的有（　　　）。

A.在楼面加铺大理石面层　　　　　　　B.封闭阳台

C.室内加装花岗岩罗马柱　　　　　　　D.悬挂大型吊灯

E.局部设置假山盆景

4. 下列选项中，属于可变作用的有（　　　）。

A.安装荷载　　　　　　　　　　　　　B.吊车荷载

C.屋面活荷载　　　　　　　　　　　　D.地基变形

E.火灾

5. 受拉钢筋锚固长度应根据（　　　）进行计算。

A.钢筋的直径　　　　　　　　　　　　B.钢筋及混凝土抗压强度

C.钢筋锚固端的形式　　　　　　　　　D.结构或结构构件的抗震等级

E.钢筋的外形

6.下列属于钢结构工程特点的是（　　　）。

A.材料强度高 　　　　　　B.施工工期短

C.不可再生 　　　　　　D.抗震性能好

E.不易腐蚀

第2章　主要建筑工程材料性能与应用

考情解密

考　点	内容要求
常用结构工程材料	熟悉建筑钢材的性能与应用、水泥的性能与应用、混凝土及组成材料的性能与应用、砌体材料的性能与应用
常用建筑装饰装修和防水、保温材料	了解饰面板材和陶瓷的特性与应用、木材与木制品的特性与应用、建筑玻璃的特性与应用、防水材料的特性与应用、保温隔热材料的特性与应用

2.1　常用结构工程材料

Tips：预测该节考试题型主要为单选题和多选题。

一、单项选择题

1.下列关于常用热轧钢筋的品种，说法错误的是（　　　）。

A.HPB属于热轧光圆钢筋

B.HRB属于普通热轧钢筋

C.HRBF属于细晶粒热轧钢筋

D.HRBF属于余热处理钢筋

2. 关于建筑钢材的力学性能，下列说法错误的是（　　）。

　　A.冲击性能随温度的下降而减小

　　B.在负温下使用的结构，应选用脆性临界温度较使用温度为高的钢材

　　C.一般抗拉强度高，其疲劳极限也较高

　　D.伸长率越大，说明钢材的塑性越大

3. 下列水泥中早期强度最高的是（　　）。

　　A.硅酸盐水泥　　　　　　　　　　　　B.矿渣水泥

　　C.粉煤灰水泥　　　　　　　　　　　　D.复合水泥

4. 关于建筑工程中常用水泥的技术要求的说法，正确的是（　　）。

　　A.水泥的终凝时间是从水泥加水拌合起至水泥浆开始失去可塑性所需的时间

　　B.六大常用水泥的初凝时间均不得长于45分钟

　　C.水泥的体积安定性不良是指水泥在凝结硬化过程中产生不均匀的体积变化

　　D.体积安定性不良会使混凝土构件产生收缩性裂缝

5. 包装袋两侧应根据水泥的品种采用不同的颜色印刷水泥名称和强度等级，矿渣硅酸盐水泥采用（　　）。

　　A.红色　　　　　　　　　　　　　　　B.绿色

　　C.黑色　　　　　　　　　　　　　　　D.蓝色

6. 抗冻等级（　　）以上的混凝土简称抗冻混凝土。

　　A.F50　　　　　　　B.F100　　　　　　　C.F150　　　　　　　D.F200

7. 补偿收缩混凝土主要掺入的外加剂是（　　）。

　　A.早强剂　　　　　　　　　　　　　　B.缓凝剂

　　C.引气剂　　　　　　　　　　　　　　D.膨胀剂

8. 下列关于砂浆流动性和保水性的说法，错误的是（　　）。

　　A.砂浆的流动性用稠度表示

　　B.砂浆稠度越大，砂浆的流动性越小

　　C.砂浆的保水性用分层度表示

　　D.砂浆的分层度不得大于30 mm

9. 下列关于砂浆抗压强度与强度等级的说法，错误的是（　　）。

　　A.用于测定砂浆抗压强度的试块养护龄期是28 d

B.砂浆的强度等级用M加数学符号来表示

C.测定砂浆强度的一组标准立方体砂浆抗压试件共有6块

D.砂浆抗压强度的试件尺寸是边长为70.7 mm的立方体

10. 下列不能改善混凝土耐久性的外加剂是（　　　　）。

A.早强剂 B.引气剂

C.阻锈剂 D.防水剂

二、多项选择题

1. 热轧带肋钢筋应在其表面扎上（　　　　）。

A.牌号标志 B.注册厂名

C.商标 D.生产企业序号

E.公称直径毫米数字

2. 下列影响混凝土强度的因素中，属于原材料方面的是（　　　　）。

A.水胶比 B.外加剂

C.龄期 D.养护温度

E.掺合料

3. 关于混凝土表面碳化的说法，正确的有（　　　　）。

A.降低了混凝土的碱度

B.削弱了混凝土对钢筋的保护作用

C.增大了混凝土表面的抗压强度

D.增大了混凝土表面的抗拉强度

E.降低了混凝土的抗折强度

4. 含亚硝酸盐的防冻剂严禁用于（　　　　）。

A.居住工程

B.饮水工程

C.与食品相接触工程

D.办公工程

E.预应力混凝土结构

2.2　常用建筑装饰装修和防水、保温材料

> Tips：预测该节考试题型主要为单选题和多选题。

一、单项选择题

1. 节水型小便器的用水上限不大于（　　）。

　　A.3.0 L　　　　　　　　　　　　　B.4.0 L

　　C.5.0 L　　　　　　　　　　　　　D.6.0 L

2. 防火玻璃的耐火极限分为（　　）级。

　　A.三　　　　　　　　　　　　　　B.四

　　C.五　　　　　　　　　　　　　　D.六

3. 关于夹层玻璃，下列说法错误的是（　　）。

　　A.透明度好　　　　　　　　　　　B.可以切割

　　C.不会散落伤人　　　　　　　　　D.抗冲击性能好

4. 下面材料中，适宜制作火烧板的是（　　）。

　　A.天然大理石　　　　　　　　　　B.天然花岗石

　　C.建筑陶瓷　　　　　　　　　　　D.镜片玻璃

二、多项选择题

1. 关于天然大理石板材，下列说法正确的是（　　）。

　　A.质地较硬　　　　　　　　　　　B.吸水率低

　　C.分为A、B、C三级　　　　　　　D.耐磨性较好

　　E.主要用于室外

2. 干缩会使木材（　　）。

　　A.翘曲　　　　　　　　　　　　　B.开裂

　　C.接榫松动　　　　　　　　　　　D.表面鼓凸

　　E.拼缝不严

3.刚性防水材料通常指（　　　）。

A.防水砂浆

B.防水卷材

C.防水混凝土

D.防水涂料

E.密封材料

4.下列属于影响保温材料导热系数因素的是（　　　）。

A.材料的性质

B.湿度

C.温度

D.质量

E.表观密度

第3章　建筑工程施工技术

考情解密

考　点	内容要求
施工测量放线	1. 了解常用测量仪器的性能与应用 2. 熟悉施工测量放线的内容与方法
地基与基础工程施工	1. 熟悉基坑支护工程施工、土方与人工降排水施工、混凝土桩基础施工、混凝土基础施工 2. 掌握基坑验槽的方法与要求、常见地基处理方法应用
主体结构工程施工	1. 掌握混凝土结构工程施工、砌体结构工程施工、常见施工脚手架 2. 熟悉钢结构工程施工、装配式混凝土结构工程施工
屋面、防水与保温工程施工	熟悉屋面工程构造和施工、保温隔热工程施工、地下结构防水工程施工、室内与外墙防水工程施工
装饰装修工程施工	了解抹灰工程施工，轻质隔墙工程施工，吊顶工程施工，地面工程施工，饰面板（砖）工程施工，门窗工程施工，涂料涂饰、裱糊、软包与细部工程施工，建筑幕墙工程施工
季节性施工技术	1. 熟悉冬期施工技术 2. 了解雨期施工技术、高温天气施工技术

3.1 施工测量放线

> **Tips：** 预测该节考试题型主要为单选题和案例题。

一、单项选择题

1. 在楼层内测量放线，最常用的距离测量器具是（　　）。

   A.水准仪　　　　　　　　　　　　B.经纬仪

   C.激光铅直仪　　　　　　　　　　D.钢尺

2. 高层建筑主轴线的竖向投测一般采用（　　）。

   A.外控法　　　　　　　　　　　　B.内控法

   C.直角坐标法　　　　　　　　　　D.极坐标法

3. 已知点A的高程为20.503 m，前视点读数为1.102 m，后视点读数为1.082 m，则待测点B的高程为（　　）。

   A.20.483 m　　　　　　　　　　　B.21.582 m

   C.20.523 m　　　　　　　　　　　D.20.605 m

4. 建筑主轴线竖向投测做法错误的是（　　）。

   A.偏差3 mm

   B.检测基准点

   C.内控法进行建筑内部竖向监测

   D.外控法用楼板的最底层作为基准

二、实务操作和案例分析题

案例

出题点：施工测量的方法

【背景资料】

某人防工程，建筑面积5000 m²。地下1层，地上9层，层高4.0 m。基础埋深为自然地面以下6.5 m。建设单位委托监理单位对工程实施全过程监理。建设单位和某施工单位根据《建设工程施工合同（示范文本）》签订了施工承包合同。施工单位进场后，根据建设单位提供的原场区内方格控制网坐标进行建筑物的定位测设。

【问题】

建筑物细部点定位测设有哪几种方法？本工程最适宜采用的方法是哪一种？

3.2　地基与基础工程施工

Tips：预测该节考试题型主要为单选题、多选题和案例题。

一、单项选择题

1. 基坑侧壁安全等级为一级，不能用的支护结构是（　　　）。

A.灌注桩排桩　　　　　　　　B.地下连续墙

C.土钉墙　　　　　　　　　　D.型钢水泥土搅拌墙

2. 基坑内采用深井降水时，水位监测点宜布置在（　　　）。

A.基坑周边拐角处　　　　　　B.基坑中央

C.基坑周边　　　　　　　　　D.基坑坡顶上

3. 当基坑开挖深度不大，地质条件和周围环境允许时，最适宜的开挖方案是（　　　）。

A.逆作法挖土　　　　　　　　B.中心岛式挖土

C.盆式挖土　　　　　　　　　D.放坡挖土

4. 可以用作填方土料的是（　　　）。

A.淤泥　　　　　　　　　　　B.淤泥质土

C.黏性土　　　　　　　　　　D.膨胀土

5. 采用回灌井点时，回灌井点与降水井点的距离不宜小于（　　）。

    A.5 m
                     B.6 m

    C.8 m
                     D.10 m

6. 通常情况下，向施工单位提供施工场地内地下管线资料的单位是（　　）。

    A.勘察单位
                     B.设计单位

    C.建设单位
                     D.监理单位

7. 关于夯实地基，下列说法错误的是（　　）。

    A.每个试验区面积不宜小于15 m×15 m

    B.一般有效加固深度为3～10 m

    C.强夯和强夯置换施工前应进行试夯

    D.强夯置换夯锤底面形式宜采用圆形

8. 锤击沉桩法施工程序：确定桩位和沉桩顺序→桩机就位→吊桩喂桩→（　　）→锤击沉桩→接桩→再锤击沉桩。

    A.送桩
                     B.校正

    C.静力压桩
                     D.检查验收

9. 泥浆护壁法钻孔灌注桩施工工艺流程中，"二次清孔"的下一道工序是（　　）。

    A.质量验收
                     B.下钢筋笼

    C.下钢导管
                     D.水下浇筑混凝土

10. 无支护土方工程宜采用（　　）挖土。

    A.放坡
                     B.墩式

    C.盆式
                     D.逆作法

二、多项选择题

1. 基坑工程监测预警值应由监测项目的（　　）控制。

    A.最大变化量
                     B.平均变化量

    C.累计变化量
                     D.变化频率值

    E.变化速率值

2. 土方回填前，应根据（　　）合理选择压实机具。

A.工程特点　　　　　　　　　　　B.土料性质

C.设计压实系数　　　　　　　　　D.施工条件

E.虚铺厚度

3.可以组织基坑验槽的人员有（　　　　　）。

A.设计单位负责人　　　　　　　　B.总监理工程师

C.施工单位负责人　　　　　　　　D.建设单位项目负责人

E.勘察单位负责人

4.控制大体积混凝土裂缝的常用措施有（　　　　）。

A.提高混凝土强度　　　　　　　　B.降低水胶比

C.降低混凝土入模温度　　　　　　D.提高水泥用量

E.采用二次抹面工艺

三、实务操作和案例分析题

案例一

出题点：基坑监测

【背景资料】

基坑开挖前，施工单位委托具备相应资质的第三方对基坑工程进行现场监测，监测单位编制了监测方案，经建设方、监理方认可后开始施工。

【问题】

本工程在基坑监测管理工作中有哪些不妥之处？说明理由。

案例二

出题点：土方回填

【背景资料】

监理工程师在检查土方回填施工时发现：回填土料混有建筑垃圾；土料铺填厚度

大于400 mm；采用振动压实机压实2遍成活；每天将回填2～3层的环刀法取的土样统一送检测单位检测压实系数。对此提出整改要求。

【问题】

指出土方回填施工中的不妥之处，并写出正确做法。

3.3 主体结构工程施工

Tips：预测该节考试题型主要为单选题、多选题和案例题。

一、单项选择题

1.在冬期施工某一外形复杂的混凝土构件时，最适宜采用的模板体系是（   ）。

　　A.木模板体系　　　　　　　　　　B.组合钢模板体系

　　C.铝合金模板体系　　　　　　　　D.大模板体系

2.不属于模板工程设计的主要原则的是（   ）。

　　A.实用性　　　　　　　　　　　　B.安全性

　　C.经济性　　　　　　　　　　　　D.耐久性

3.关于模板拆除的说法，错误的是（   ）。

　　A.先支的后拆、后支的先拆

　　B.先拆非承重模板、后拆承重模板

　　C.从下而上进行拆除

　　D.当混凝土强度达到规定要求时，方可拆除底模及支架

4.有抗震要求的钢筋混凝土框架结构，其楼梯的施工缝宜留置在（   ）。

　　A.梯段与休息平台板的连接处　　　　B.楼梯板跨度端部的1/3范围内

C.梯段板跨度中部的1/3范围内　　　　D.任意部位

5.下列关于砖砌体施工的做法，错误的是（　　　）。

　　A.宽度超过300 mm的洞口上部应设置钢筋混凝土过梁

　　B.在抗震设防烈度为8度及以上地区，必须留置的临时间断处应砌成斜槎

　　C.非抗震设防地区除转角处外，可留直槎

　　D.拉结钢筋埋入长度从留槎处算起每边均不应小于300 mm

二、多项选择题

1.关于钢筋加工的说法，正确的有（　　　）。

　　A.钢筋冷拉调直时，不能同时进行除锈

　　B.HRB400级钢筋采用冷拉调直时，伸长率允许最大值为4%

　　C.钢筋的切断口不可以有马蹄形

　　D.调直后的钢筋可以有局部弯折

　　E.钢筋可采用手工除锈

2.关于钢筋接头位置的说法，正确的有（　　　）。

　　A.钢筋接头位置宜设置在受力较大处

　　B.柱钢筋的箍筋接头应交错布置在四角纵向钢筋上

　　C.钢筋接头末端至钢筋弯起点的距离不应小于钢筋直径的8倍

　　D.同一纵向受力钢筋宜设置两个或两个以上接头

　　E.连续梁下部钢筋接头位置宜设置在梁端1/3跨度范围内

3.关于混凝土养护时间，下列说法正确的有（　　　）。

　　A.采用普通水泥配制的混凝土不应少于14 d

　　B.采用缓凝剂配制的混凝土不应少于14 d

　　C.抗渗混凝土不应少于14 d

　　D.后浇带混凝土不应少于14 d

　　E.大体积混凝土不应少于14 d

4.钢结构焊接产生热裂纹的主要原因有（　　　）。

　　A.母材抗裂性能差

B.焊接材料质量不好

C.焊接工艺参数选择不当

D.焊接内应力过大

E.焊前未预热、焊后冷却快

5.下列脚手架安全等级为Ⅰ级的有（　　　）。

A.搭设高度40 m的落地作业脚手架

B.搭设高度20 m的悬挑脚手架

C.搭设高度8 m且面荷载标准值为15 kN/m²的支撑脚手架

D.搭设高度6 m且线荷载标准值为25 kN/m的支撑脚手架

E.附着式升降脚手架

三、实务操作和案例分析题

案例一

出题点：模板工程

【背景资料】

表1-1-3-1　现浇钢筋混凝土构件底模拆除强度表

构件类型	构件跨度/m	达到设计的混凝土立方体抗压强度标准值的百分率/%
板	≤2	≥A
	>2，≤8	≥B
	>8	≥C
梁、拱、壳	≤8	≥D
	>8	≥E
悬臂构件		≥F

【问题】

写出表1-1-3-1中A、B、C、D、E、F对应的数值。（如F：100）

案例二

出题点：识图＋模板工程

【背景资料】

项目部填充墙施工记录中留存有包含施工放线、墙体砌筑、构造柱施工、卫生间坎台施工等工序内容的图像资料，详见图一～图四。

图1-1-3-1（图一） 图1-1-3-2（图二） 图1-1-3-3（图三） 图1-1-3-4（图四）

【问题】

分别写出填充墙施工记录图一～图四的工序内容。写出四张图片的施工顺序。（如：一→二→三→四）

案例三

出题点：钢结构构件的连接

【背景资料】

某维修车间屋面梁设计为高强度螺栓摩擦连接。专业监理工程师在巡检时发现，施工人员在螺栓不能自由穿入时，现场用气割扩孔，扩孔后部分孔径达到设计螺栓直径的1.35倍。

【问题】

指出该事件中的错误之处，并说明理由。

案例四

出题点：装配式混凝土结构构件安装与连接

【背景资料】

装配式混凝土结构工程施工过程中发生如下事件：吊装预制构件时，吊索水平夹角大约为30°，预制构件吊装采用快起、慢升、缓放的操作方式。安装柱子时，预制构件与吊具分离后进行了临时的支撑安装。监理工程师在检查钢筋套筒灌浆连接质量时发现：灌浆料在加水后1.0 h才使用完毕；每工作班留置了1组边长为70.7 mm的立方体灌浆料标准养护试件。

【问题】

针对装配式混凝土结构工程施工及监理工程师检查中的不妥之处，分别写出正确做法。预制构件的钢筋可以采用哪些连接方式？写出灌浆施工工艺流程。

3.4 屋面、防水与保温工程施工

Tips: 预测该节考试题型主要为单选题和案例题。

一、单项选择题

1. 对于防水等级为一级的平屋面，下列防水做法正确的是（　　　）。

   A.3道涂料防水　　　　　　　　　　　B.2道涂料防水加1道卷材防水

   C.2道防水　　　　　　　　　　　　　D.1道防水

2. 关于地下结构防水混凝土施工，下列说法错误的是（　　　）。

   A.防水混凝土抗渗等级不得小于P6

   B.试配混凝土的抗渗等级应比设计要求提高0.2 MPa

   C.水泥品种宜采用火山灰质硅酸盐水泥

D.分层厚度不得大于500 mm

3.室内防水施工流程是（　　　）。

　　A.清理基层→防水层→细部附加层→结合层→试水试验

　　B.清理基层→细部附加层→结合层→防水层→试水试验

　　C.清理基层→结合层→细部附加层→防水层→试水试验

　　D.清理基层→结合层→细部附加层→试水试验→防水层

4.下列不符合现浇泡沫混凝土保温层施工规定的有（　　　）。

　　A.浇筑出料口离基层的高度不超过1 m　　B.采取高压泵送

　　C.养护时间不少于7 d　　D.施工环境温度为5～35℃

5.地下防水工程中，卷材防水层铺贴卷材对气温的要求是（　　　）。

　　A.冷粘法室外气温不低于—10℃　　B.热熔法室外气温不低于—15℃

　　C.自粘法室外气温不低于5℃　　D.焊接法室外气温不低于—15℃

二、实务操作和案例分析题

案例一

出题点：外墙外保温工程施工技术

【背景资料】

外墙保温采用EPS板薄抹灰系统，由EPS板、耐碱玻纤网布、胶粘剂、薄抹灰面层、饰面涂层等组成，其构造图如图1-1-3-5。

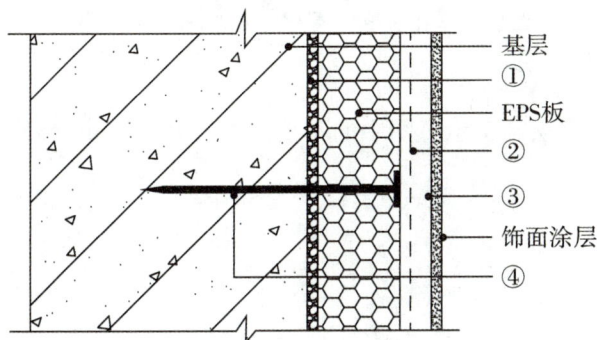

图1-1-3-5　EPS板薄抹灰构造图

【问题】

分别写出图1-1-3-5中数字代号所示各构造做法的名称。

案例二

出题点：识图＋卷材防水层施工

【背景资料】

某新建办公楼工程，地下1层，地上12层。筏板基础，设计要求采用C35 P6混凝土，采用合成高分子卷材防水，外防外贴。施工单位上报了地下卷材防水层施工方案，如图1-1-3-6所示，监理提出异议。

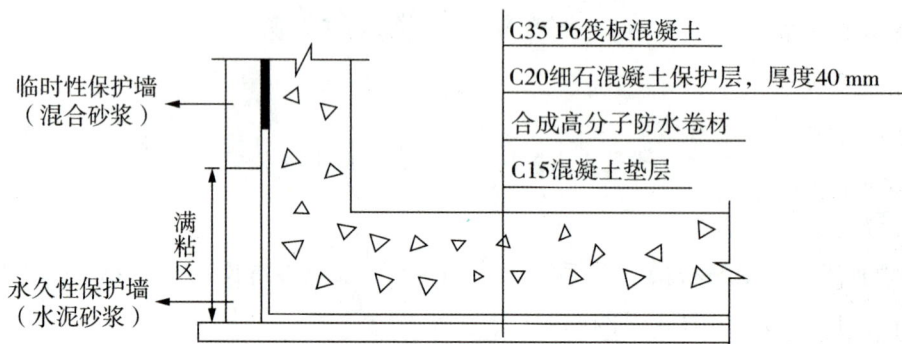

图1-1-3-6　地下卷材防水层施工示意图

【问题】

指出地下卷材防水层施工示意图中的不妥之处，并给出正确做法。

3.5 装饰装修工程施工

Tips：预测该节考试题型主要为单选题和多选题。

一、单项选择题

1. 下列不属于一般抹灰的是（　　　）。

   A.水泥砂浆　　　　B.聚合物水泥砂浆　　C.斩假石　　　　D.粉刷石膏

2. 一般抹灰底层砂浆稠度为（　　　）。

   A.7～9 cm　　　　B.8～10 cm　　　　C.9～11 cm　　　　D.12～14 cm

二、多项选择题

1. 吊顶工程主要分为（　　　）。

   A.整体面层吊顶　　　　　　　B.明龙骨吊顶

   C.暗龙骨吊顶　　　　　　　D.板块面层吊顶

   E.格栅吊顶

2. 石材饰面板安装施工方法包括（　　　）。

   A.湿作业法　　　　　　　　B.木衬板粘贴

   C.粘贴法　　　　　　　　D.干挂法

   E.龙骨钉固法

3.6 季节性施工技术

Tips：预测该节考试题型主要为单选题、多选题和案例题。

一、单项选择题

1. 关于雨期施工，下列说法错误的是（　　　）。

A.基坑坡顶做1.5 m宽散水、挡水墙，四周做混凝土路面

B.CFG桩槽底预留的保护土层厚度不小于0.3 m

C.砌体工程每天砌筑高度不得超过1.2 m

D.雨天不应在露天砌筑墙体

2.钢结构雨期施工说法错误的是（　　　）。

A.同一焊条重复烘烤次数超3次

B.湿度不大于90%

C.焊缝部位比较潮湿，用氧炔焰进行烘烤

D.用高强度螺栓连接，螺栓不能接触泥土

二、多项选择题

混凝土工程在冬季施工时的正确做法有（　　　）。

A.采用蒸汽养护时，宜选用矿渣硅酸盐水泥

B.确定配合比时，宜选用较大的水胶比和坍落度

C.水泥、外加剂、矿物掺合料可以直接加热

D.混凝土拌合物的出机温度不宜低于10℃

E.混凝土强度试件的留置应增设与结构同条件养护试件

三、实务操作和案例分析题

案例

出题点：冬期施工技术

【背景资料】

冬期施工配制混凝土选用硅酸盐水泥或普通硅酸盐水泥。采用蒸汽养护时，选用粉煤灰硅酸盐水泥。混凝土配合比根据施工期间环境气温、原材料、养护方法、混凝土性能要求等经试验确定，并选择较大的水胶比和坍落度。冬期施工混凝土搅拌前当仅加热拌合水不能满足热工计算要求时，可加热骨料或水泥。混凝土拌合物的出机温

度不宜低于10℃，入模温度不应低于0℃。在混凝土养护和越冬期间，直接对负温混凝土表面浇水养护。施工期间的测温频次：混凝土出机、浇筑、入模温度每一工作班不少于2次。冬期施工混凝土强度试件的留置应增设与结构同条件养护试件，养护试件不应少于2组。同条件养护试件应在解冻后进行试验。

【问题】

写出冬期施工期限划分原则。针对冬期施工专项方案中的不妥之处给出正确做法。

第2篇
建筑工程相关法规与标准

第4章 相关法规

考情解密

考　点	内容要求
建筑工程施工相关法规	了解建筑工程生产安全重大事故隐患判定标准有关规定、危险性较大的分部分项工程专项施工方案编制指南有关规定、施工现场建筑垃圾减量化有关规定、国家主管部门近年来安全生产及施工现场管理的有关规定
建筑工程通用规范	1. 熟悉《施工脚手架通用规范》有关规定、《建筑与市政工程施工质量控制通用规范》有关规定、《建筑与市政地基基础通用规范》有关规定、《混凝土结构通用规范》有关规定、《建筑节能与可再生能源利用通用规范》有关规定 2. 了解《砌体结构通用规范》有关规定、《钢结构通用规范》有关规定

4.1　建筑工程施工相关法规

Tips: 预测该节考试题型主要为单选题、多选题和案例题。

一、单项选择题

1. 下列人员中，不需要取得安全生产考核合格证书从事相关工作的是（　　）。

A.施工单位的主要负责人

B.施工单位的项目负责人

C.施工单位的专职安全生产管理人员

D.建筑施工特种作业人员

2. 房屋建筑工程月末按工程进度计算提取企业安全生产费用的标准为（　　）。

A.3%　　　　　　　　B.4%　　　　　　　　C.5%　　　　　　　　D.6%

二、多项选择题

1. 施工现场建筑垃圾减量化应遵循的原则有（　　　　）。

　　A. 源头减量 　　　　　　　　　　B. 分类管理

　　C. 就地处置 　　　　　　　　　　D. 及时清运

　　E. 排放控制

2. 企业安全生产费用的管理原则为（　　　　）。

　　A. 开源节流 　　　　　　　　　　B. 筹措有章

　　C. 合理让利 　　　　　　　　　　D. 监督有效

　　E. 管理有序

三、实务操作和案例分析题

案例一

出题点：《建设工程质量检测管理办法》的规定

【背景资料】

　　各单位为贯彻落实《建设工程质量检测管理办法》有关规定，在工程施工质量检测管理中做了以下工作：

　　（1）建设单位委托具有相应资质的检测机构负责本工程质量检测工作。

　　（2）监理工程师对混凝土试件制作与送样进行了见证。试验员如实记录了其取样、现场检测等情况，制作了见证记录。

　　（3）混凝土试样送检时，试验员向检测机构填报了检测委托单。

　　（4）总包项目部按照建设单位要求，每月向检测机构支付当期检测费用。

【问题】

　　指出工程施工质量检测管理工作中的不妥之处，并写出正确做法。（本题有2项不妥，多答不得分）混凝土试件制作与取样见证记录内容还有哪些？

案例二

出题点：建筑工程生产安全重大事故隐患判定标准有关规定

【背景资料】

某全装修交付保障房工程，共12层，建筑面积为5万平方米，结构形式为装配式混凝土结构。施工单位在2层以上设置了悬挑长度为6米的卸料平台，卸料平台与外围护脚手架采用拉结连接，监理工程师判定为高处作业重大事故隐患。

【问题】

高处作业判定为重大事故隐患的情形还有哪些？

4.2　建筑工程通用规范

Tips：预测该节考试题型主要为多选题和案例题。

一、多项选择题

下列部位的作业脚手架应采取可靠的构造加强措施的有（　　　）。

A.附着、支承于工程结构的连接处

B.平面布置的转角处

C.物料平台断开处

D.楼面高度小于连墙件设置竖向高度的部位

E.工程结构突出物影响架体正常布置处

二、实务操作和案例分析题

案例

出题点：施工质量验收

【背景资料】

某施工单位施工前，安排人员制定单位工程、分部工程、分项工程和检验批的划分方案，并在监理单位审核通过后实施。

【问题】

施工质量验收包括单位工程、分部工程、分项工程和检验批施工质量验收，需符合哪些规定？

第5章　相关标准

📋 **考情解密**

考　点	内容要求
地基基础工程施工相关标准	熟悉建筑地基基础工程施工质量验收有关规定、地基处理施工有关技术标准
主体结构工程施工相关标准	掌握混凝土结构工程施工质量验收有关规定、砌体结构工程施工质量验收有关规定、钢结构工程施工质量验收有关规定、装配式混凝土结构施工质量验收有关规定
装饰装修与屋面工程相关标准	熟悉建筑地面工程施工质量验收有关规定、住宅装饰装修工程施工有关规定、建筑内部装修设计防火有关规定、建筑内部装修防火施工及验收有关规定、建筑装饰装修工程质量验收有关规定、屋面工程质量验收有关规定
绿色建造与建筑节能相关标准	熟悉节能建筑评价有关规定、绿色建造技术导则有关规定、建筑节能工程施工质量验收有关规定、民用建筑工程室内环境污染控制有关规定

5.1 地基基础工程施工相关标准

Tips： 预测该节考试题型主要为单选题和多选题。

一、单项选择题

淤泥土地基处理做法正确的是（   ）。

A.强夯　　　　　　　B.高压喷射注浆　　　　C.砂石桩　　　　　　D.水泥粉煤灰碎石桩

二、多项选择题

粉煤灰地基工程在施工中应检查（   ）。

A.分层厚度　　　　　　　　　　　　B.粉煤灰材料质量

C.压实系数　　　　　　　　　　　　D.施工含水量控制

E.搭接区碾压程度

5.2 主体结构工程施工相关标准

Tips： 预测该节考试题型主要为单选题、多选题和案例题。

一、单项选择题

混凝土试件尺寸为100 mm×100 mm×100 mm时，强度的尺寸换算系数是（   ）。

A.0.85　　　　　　　　B.0.95　　　　　　　　C.1.00　　　　　　　　D.1.05

二、多项选择题

装配式混凝土结构连接节点浇筑混凝土前，进行隐蔽工程验收的内容有（   ）。

A.混凝土粗糙面的质量　　　　　　　B.预制构件出厂合格证

C.钢筋的牌号　　　　　　　　D.钢筋的搭接长度

E.保温及其节点施工

三、实务操作和案例分析题

案例一

出题点：施工质量验收

【背景资料】

在主体结构验收前，项目生产经理安排公司实验室质检人员对涉及混凝土结构安全有代表性的部位进行混凝土强度等检测，并将检验报告报监理单位。

【问题】

说明混凝土结构实体检验管理的正确做法。混凝土结构实体检验的项目包括哪些？

案例二

出题点：混凝土结构工程施工质量验收有关规定

【背景资料】

某大型综合办公楼，框架–剪力墙结构。地下室外墙混凝土（非大体积混凝土）强度等级C30，总方量为1980 m³，由某商品混凝土搅拌站供应，一次性连续浇筑。在混凝土浇筑期间，实验人员随机选择了一辆处于等候状态的混凝土运输车放料取样，并留置了一组标准养护抗压试件（一组6个）。

【问题】

分别指出事件中的不妥之处，并写出正确做法。

案例三

> 出题点：混凝土结构工程施工质量验收有关规定

【背景资料】

主体结构分部工程完成后，施工总承包单位向项目监理机构提交了该分部工程验收申请报告和相关资料。监理工程师审核相关资料时，发现欠缺结构实体检验资料，提出了"结构实体检验应在监理工程师旁站下，由施工单位项目经理组织实施"的要求。

【问题】

指出监理工程师要求中的错误之处，并写出正确做法。

案例四

> 出题点：混凝土结构工程施工质量验收有关规定

【背景资料】

在地下室结构实体采用回弹法进行强度检验中，对个别部位C35混凝土强度不合格的，施工单位安排公司试验室检测人员采用钻芯法对该部位实体混凝土强度进行检验。对已经出现的现浇结构外观质量严重缺陷的，由设计单位提出技术处理方案，经监理单位认可后进行处理。对超过尺寸允许偏差且影响使用功能的部位，由施工单位提出技术处理方案，经监理单位认可后进行处理。监理工程师认为其做法存在不妥，要求改正。

【问题】

说明混凝土结构实体检验管理的正确做法。简述结构实体检验的内容。

5.3　装饰装修与屋面工程相关标准

> **Tips：** 预测该节考试题型主要为单选题、多选题和案例题。

一、单项选择题

1. 建筑工程内部装修材料按燃烧性能进行等级划分，正确的是（　　）。

　　A.A级：不燃　　B级：难燃　　C级：可燃　　D级：易燃

　　B.A级：不燃　　B1级：难燃　　B2级：可燃　　B3级：易燃

　　C.Ⅰ级：不燃　　Ⅱ级：难燃　　Ⅲ级：可燃　　Ⅳ级：易燃

　　D.甲级：不燃　　乙级：难燃　　丙级：可燃　　丁级：易燃

2. 有关安全和功能的检测项目，门窗工程中建筑外窗的检测项目不包括（　　）。

　　A.层间变形性能　　　B.气密性能　　　　C.水密性能　　　　D.抗风压性能

二、多项选择题

下列部位采用的装修材料，其燃烧性能等级符合住宅装修设计防火规定的有（　　）。

A.贮藏间采用B1级　　　　　　　　B.厨房地面采用B2级

C.卫生间顶棚采用B2级　　　　　　D.阳台采用B1级

E.灯饰采用A级

三、实务操作和案例分析题

案例

> 出题点：建筑内部装修防火施工及验收有关规定

【背景资料】

某全装修交付保障房工程，共12层，建筑面积为5万平方米，结构形式为装配式混凝土结构。

经检查，施工单位在建筑内部装修工程的防火施工过程中（包括隐蔽工程的施工过程中及完工后）的抽样检验结果和现场进行阻燃处理，喷涂，安装作业的抽样检验结果均符合设计要求。建设单位项目负责人组织施工单位项目负责人、监理工程师和设计单位项目负责人等进行了工程质量验收。

【问题】

根据《建筑内部装修防火施工及验收规范》，工程质量验收还应符合哪些要求？

5.4 绿色建造与建筑节能相关标准

> **Tips：** 预测该节考试题型主要为单选题、多选题和案例题。

一、单项选择题

保温工程粘结材料的复验项目是（   ）。

A.厚度   B.导热系数

C.冻融循环   D.压缩强度

二、多项选择题

1.屋面节能工程使用的保温隔热材料进场时，应对其（   ）性能进行复验。

A.抗拉强度   B.导热系数

C.吸水率   D.压缩强度

E.密度

2.节能建筑工程评价指标体系包含的指标类别有（   ）。

A.建筑围护结构   B.电气与照明

C.防腐与防火　　　　　　　　　D.运营管理

E.建筑规划

三、实务操作和案例分析题

案例一

出题点：民用建筑工程室内环境污染控制有关规定

【背景资料】

该住宅工程竣工验收前，按照规定对室内环境污染物浓度进行了检测，部分检测项及数值如表1-2-5-1所示：

表1-2-5-1　室内环境污染物浓度检测结果统计表

序　号	检测项	浓度值/（mg/m³）
1	甲醛	0.08
2	甲苯	0.12
3	二甲苯	0.20
4	TVOC	0.40

【问题】

根据控制室内环境污染的不同要求，该建筑属于几类民用建筑工程？表1-2-5-1中符合规范要求的检测项有哪些？还应检测哪些项目？

案例二

出题点：民用建筑工程室内环境污染控制有关规定

【背景资料】

某学校活动中心工程，现浇钢筋混凝土框架结构，地上6层，地下2层，采用自然通风。

该工程交付使用7天后，建设单位委托有资质的检验单位进行室内环境污染检测。在对室内环境的甲醛、苯、甲苯、二甲苯、氨、TVOC浓度进行检测时，检测人员将房间对外门窗关闭30分钟后进行检测。在对室内环境的氡浓度进行检测时，检测人员将房间对外门窗关闭12小时后进行检测。

【问题】

室内环境污染检测有哪些不妥之处？分别说明正确做法。

案例三

出题点：民用建筑工程室内环境污染控制有关规定

【背景资料】

某住宅项目，对一间房间使用面积为240平方米的公共教室选取4个检测点，检测点设置在地砖表面，两个主要指标的检测数据如表1-2-5-2所示。

表1-2-5-2 污染物浓度检测表（单位：mg/m³）

点 位	1	2	3	4
甲 醛	0.08	0.06	0.05	0.05
氨	0.20	0.15	0.15	0.14

【问题】

（1）指出上述不妥之处，并给出正确做法。

（2）公共教室检测点的选取数量是否合理？说明理由。

（3）公共教室两个主要指标的报告检测值为多少？

（4）分别判断该两项检查指标是否合格。

第6章　建筑工程企业资质与施工组织

考情解密

考　点	内容要求
建筑工程施工企业资质	了解资质等级标准、承包工程范围、企业资质管理
二级建造师执业范围	了解执业工程规模、执业工程范围
施工项目管理机构	了解项目经理部的组建、项目管理绩效评价方法与内容
施工组织设计	掌握施工组织设计编制与管理、主要专项施工方法编制与管理
施工平面布置管理	掌握施工平面布置图设计、施工平面管理、施工用电用水管理

6.1　建筑工程施工企业资质

Tips：预测该节考试题型主要为多选题和案例题。

一、多项选择题

下列属于建筑工程施工企业二级资质可以承担的施工项目有（　　　）。

A.施工单项合同额3000万元以上的房屋建筑工程

B.高度150 m的工业建筑工程

C.高度80 m的民用建筑工程

D.建筑面积2万m²的单体民用建筑工程

E.单跨跨度20 m的建筑工程

二、实务操作和案例分析题

案例

出题点：资质等级标准

【背景资料】

某市投资开发H住宅小区工程，该工程共有4栋22层的住宅楼，建筑高度为70 m，单栋建筑面积约11万m²，合同工期为26个月，招标范围包括地基与基础、主体结构、装饰装修、建筑防水与保温等。

【问题】

建筑工程施工总承包资质有几级？

6.2 二级建造师执业范围

Tips: 预测该节考试题型主要为单选题和案例题。

一、单项选择题

建立项目管理机构应遵循的步骤是（　　）。

①明确管理任务　②明确组织结构　③确定岗位职责及人员配置　④制定工作程序和管理制度　⑤管理层审核认定

A.①②③④⑤　　　　　　　　　　　　B.①③②④⑤

C.②①③④⑤　　　　　　　　　　　　D.③②①④⑤

二、实务操作和案例分析题

案例

出题点：建造师执业范围

【背景资料】

某市投资开发H住宅小区工程，该工程共有4栋22层的住宅楼，建筑高度为70米，单栋建筑面积约11万m²，合同工期为26个月，招标范围包括地基与基础、主体结构、装饰装修、建筑防水与保温等。M公司委派的项目经理具有工程师职称、建筑工程专业二级建造师执业资格。

【问题】

M公司委派的项目经理是否符合该工程规模的要求？

6.3　施工项目管理机构

Tips：预测该节考试题型主要为案例题。

实务操作和案例分析题

案例一

出题点：项目管理绩效评价方法与内容

【背景资料】

某市投资开发H住宅小区工程，该工程共有4栋22层的住宅楼，建筑高度为70 m，单栋建筑面积约11万m²，合同工期为26个月，招标范围包括地基与基础、主体结构、装饰装修、建筑防水与保温等。项目部与M公司签订了项目管理目标责任书，作为绩效评价的依据。

【问题】

绩效评价等级有哪些？

案例二

出题点：项目管理机构

【背景资料】

某公司中标高新产业园职工宿舍楼项目，建筑面积为2万平方米，地上5层，由4个结构形式和建设规模相同的单体建筑组成，合同施工工期为240天。

项目安全管理部门负责人具有注册安全工程师资格证、中级工程师证。

【问题】

本项目安全管理部门负责人是否符合执业资格要求？说明理由。

6.4 施工组织设计

Tips： 预测该节考试题型主要为单选题、多选题和案例题。

一、单项选择题

"四新"技术不包括（   ）。

A.新技术　　　　　B.新工艺　　　　　C.新材料　　　　　D.新模式

二、多项选择题

1. 项目施工过程中，如发生以下（　　　）情况时，施工组织设计应及时进行修改或补充。

   A. 工程设计有重大修改　　　　　　B. 施工环境有重大改变

   C. 施工单位更换项目经理　　　　　D. 主要施工资源配置有重大调整

   E. 有关规范被废止

2. 下列专项方案中，需进行专家论证的有（　　　）。

   A. 搭设高度8 m以上的模板支撑体系

   B. 跨度8 m的梁，线荷载22 kN/m

   C. 施工高度50 m的幕墙工程

   D. 水下作业

   E. 开挖深度10 m的人工挖孔桩

3. 专项施工方案专家论证的主要内容有（　　　）。

   A. 专项方案施工工艺是否先进

   B. 专项方案内容是否经济、合理

   C. 专项方案内容是否完整、可行

   D. 专项方案计算书和验算依据是否符合有关标准规范

   E. 安全施工的基本条件是否满足现场实际情况

4. 专项施工方案实施过程中，施工单位应在施工现场显著位置公告（　　　）。

   A. 危大工程名称　　　　　　　　　B. 施工时间

   C. 具体责任人员　　　　　　　　　D. 施工地点

   E. 工程概况

5. 危大工程验收合格的，经（　　　）签字确认后，方可进入下一道工序。

   A. 施工单位项目技术负责人

   B. 施工单位技术负责人

   C. 施工单位项目负责人

   D. 总监理工程师

   E. 建设单位项目负责人

三、实务操作和案例分析题

案例一

出题点：危大工程专项施工方案

【背景资料】

某住宅楼工程，地下2层，地上20层，建筑面积为2.5万m²，基坑开挖深度为7.6m，地上2层以上为装配式混凝土结构，某施工单位中标后组建项目部组织施工。

基坑施工前，施工单位编制了工程基坑支护方案，并组织召开了专家论证会，参建各方项目负责人、项目技术负责人及施工单位项目技术负责人，生产经理、部分工长参加了会议。会议期间，总监理工程师发现施工单位没有按规定要求的人员参会，要求暂停专家论证会。

【问题】

施工单位参加专家论证会议人员还应有哪些？

案例二

出题点：危大工程专项施工方案

【背景资料】

工程由某总承包单位施工，基坑支护由专业分包单位承担。基坑支护施工前，专业分包单位编制了基坑支护专项施工方案，分包单位技术负责人审批签字后报总承包单位备案并直接上报监理单位审查，总监理工程师审核通过。随后分包单位组织了3名符合相关专业要求的专家及参建各方相关人员召开论证会，形成论证意见：方案采用土钉喷护体系基本可行，需完善基坑监测方案，修改完善后通过。分包单位按论证意见进行修改后拟按此方案实施，但被建设单位技术负责人以不符合相关规定为由要求整改。

【问题】

从基坑支护专项施工方案编制到专家论证的过程有何不妥？说明正确做法。

案例三

出题点：施工组织设计编制与管理

【背景资料】

中标后，施工单位根据招标文件、施工合同以及本单位的要求，确定了工程的管理目标、施工顺序、施工方法和主要资源配置计划。施工单位项目负责人主持，项目经理部全体管理人员参加，编制了单位工程施工组织设计，由项目技术负责人审核、项目负责人审批。

施工单位向监理单位报送该单位工程施工组织设计，监理单位认为该单位工程施工组织设计中只明确了质量、安全、进度三项管理目标，管理目标不全面，要求补充。

【问题】

1. 指出施工单位编制单位工程施工组织设计与审批管理的不妥之处，写出正确做法。

2. 根据监理单位的要求，还应补充哪些管理目标？（至少写4项）

案例四

出题点：施工组织设计编制与管理

【背景资料】

某单体商业楼，建筑面积35000 m²，地上10层，地下2层。筏板基础，地上为框架结构，某施工单位中标，中标造价1.5亿元人民币。中标后及时成立了项目部，编制了施工组织设计，明确了施工部署的内容。

项目部进场后，对项目管理进行了总体安排，对主要分包项目的施工单位提出了明确要求，对资源配置计划作了详细安排。

【问题】

1. 项目管理总体安排中对主要分包项目施工单位提出的明确要求有哪些？一般项目施工部署中，资源配置计划主要有哪些？

2. 该项目适合采用何种形式的项目管理组织机构？说明理由。

案例五

出题点：施工组织设计编制与管理

【背景资料】

施工部署作为施工组织设计的纲领性内容，在进行安排时，项目经理部确定了施工顺序和施工方法。

【问题】

1. 写出施工部署的内容。

2. 一般工程施工顺序是如何规定的？施工顺序的确定原则有哪些？

3. 施工方法的确定原则有哪些内容？

案例六

出题点：主要专项施工方案编制与管理

【背景资料】

某体能训练场馆工程，建筑面积3300 m²，建筑物长72 m，宽45 m，地上1层，钢筋混凝土框架结构，屋面采用球形网架结构。框架柱、梁均沿建筑物四周设置，框架柱轴线间距9000 mm，框架梁截面尺寸450 mm×900 mm，梁底标高9.6 m。现场配置1部塔吊和1台汽车吊进行材料的水平与垂直运输。

本工程框架梁模板支撑体系高度9.6 m，属于超过一定规模危险性较大的分部分项工程。施工单位编制了超过一定规模危险性较大的模板工程专项施工方案。

建设单位组织召开了超过一定规模危险性较大的模板工程专项施工方案专家论证会，设计单位项目技术负责人以专家身份参会。

【问题】

1. 对于模板支撑工程，除搭设高度超过8 m及以上外，还有哪几项属于超过一定规模危险性较大分部分项工程范围？

2. 指出专家论证会组织形式的错误之处，并说明理由。专家论证包含哪些主要内容？

案例七

出题点：施工组织设计的管理

【背景资料】

某公司中标高新产业园职工宿舍楼项目，建筑面积为2万平方米，地上5层，由4个结构形式和建设规模相同的单体建筑组成，合同施工工期为240天。

中标后，该公司根据施工项目的规模和复杂程度设置矩阵式项目管理组织结构。项目经理部根据工序合理、工艺先进的原则确定了施工顺序。

【问题】

1. 确定项目管理组织机构形式还应考虑哪些因素？

2. 施工顺序的确定原则还有哪些？

案例八

出题点：主要专项施工方案编制与管理

【背景资料】

某学校教学楼工程，地上5层，结构类型为钢筋混凝土框架结构。1层层高为4.5 m，2～5层层高均为3.9 m。门厅设中庭，其高度为8.4 m，跨度为9.0 m×9.0 m，采用井字梁楼盖。1层设8个普通教室，2～5层每层设10个普通教室，普通教室的使用面积均为90 m²。

施工前，项目部编制了模板工程专项施工方案，按监理单位要求进行修改后，经总监理工程师审查合格后再组织召开危大工程专项施工方案专家论证会。

【问题】

危大工程专项施工方案专家论证的主要内容有哪些？

6.5 施工平面布置管理

Tips: 预测该节考试题型主要为单选题、多选题和案例题。

一、单项选择题

1. 潮湿和易触及带电体场所的照明，电源电压不得大于（　　）。

A.12 V   B.16 V

C.24 V   D.36 V

2. 某临时用水支管耗水量 A 为1.92 L/s，管网水流速度 v 为2 m/s，则计算水管直径 d 为（　　）。

A.25 mm   B.30 mm

C.35 mm   D.50 mm

3. 行政机关对某施工单位场容场貌的违规行为进行2次警告后，应给予的处罚是（　　）。

A.通报批评   B.取消项目经理资格

C.降低施工单位资质等级   D.停工整顿

4. 施工现场存放危险物品的仓库应远离现场单独设置，与在建工程的距离不小于（　　）m。

A.5   B.8

C.10   D.15

二、多项选择题

"五牌一图"包括（　　）。

A.工程概况牌   B.安全生产牌

C.重大危险源公示牌   D.管理人员名单及监督电话牌

E.消防保卫牌

三、实务操作和案例分析题

案例一

出题点：施工平面布置图设计

【背景资料】

某建筑施工场地，东西长110 m，南北宽70 m。拟建建筑物首层平面为80 m×40 m，地下2层，地上6/20层，檐口高26/68 m，建筑面积约48000 m²。施工场地部分临时设施平面布置示意图如图1-3-6-1所示。图中布置施工临时设施有：现场办公室，木工加工及堆场，钢筋加工及堆场，油漆库房，塔吊，施工电梯，物料提升机，混凝土地泵，大门及围墙，车辆冲洗池。（图中未显示的设施均视为符合要求）

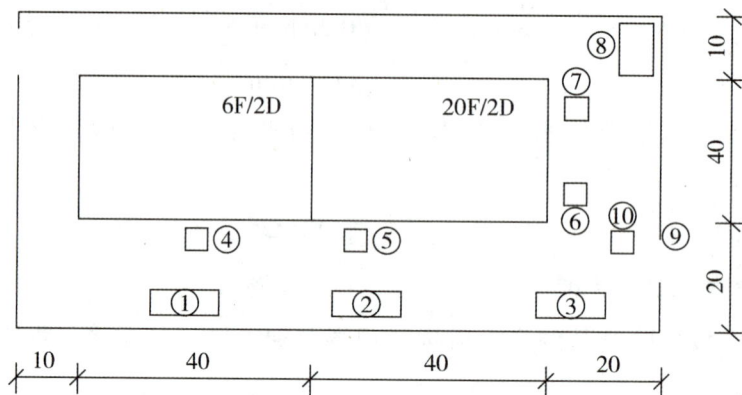

图1-3-6-1 部分临时设施平面布置示意图

【问题】

1. 写出图1-3-6-1中临时设施编号所处位置最宜布置的临时设施名称（如⑨大门与围墙）。

2. 请分别写出施工现场的主要道路及材料加工地面的硬化处理措施，裸露的场地和堆放的土方应采取的防扬尘措施。

案例二

出题点：施工平面布置图设计

【背景资料】

某工程建筑面积为13000 m²，地处繁华城区。东、南两面紧邻市区主要路段，西、北两面紧靠居民小区一般路段。为控制成本，现场围墙分段设计，实施全封闭式管理。即东、南两面紧邻市区主要路段设计为1.8 m高砖围墙，并按市容管理要求进行美化；西、北两面紧靠居民小区一般路段设计为1.8 m高普通钢围挡。

【问题】

1. 现场砖围墙和普通钢围挡设计高度是否妥当？如有不妥，给出符合要求的最低设计高度。

2. 距离交通路口20 m范围内占据道路施工的围挡应如何设置？

案例三

出题点：施工平面管理

【背景资料】

某建设单位投资兴建住宅楼，经公开招投标，某施工总承包单位中标。施工单位进场后，及时按照安全管理要求在施工现场设置了相应的安全警示牌。

公司例行安全检查中，发现施工区域主出入通道口处多种类型的安全警示牌布置混乱，要求项目部按规定要求从左到右正确排列。

【问题】

1. 施工现场安全警示牌的设置应遵循哪些原则？

2. 安全警示牌通常有哪些类型？各种类型的安全警示牌按一排布置时，从左到右的正确排列顺序是什么？

案例四

出题点：施工平面管理

【背景资料】

建设工程施工现场综合考评是指对工程建设参与各方（建设、监理、设计、施工、材料及设备供应单位等）在现场中主体行为责任履行情况的评价。

【问题】

1. 现场综合考评包括哪些主要内容？

2. 现场综合考评办法及奖罚有哪些具体内容？

案例五

出题点：施工用水用电管理

【背景资料】

根据施工组织设计的安排，施工高峰期现场同时使用机械设备达到8台。项目土建施工员仅编制了安全用电和电气防火措施报送给项目监理工程师。项目监理工程师认为多处不妥，要求整改。

【问题】

施工用电存在哪些不妥之处？分别说明理由。

案例六

出题点：施工用水用电管理

【背景资料】

在对现场临时用水管理检查时发现，水管直接埋地穿过临时道路；消火栓最大间距为150 m；主供水管为DN100，实测水流速度为1.5 m/s，达不到设计流速2.0 m/s，满足不了设计总用水量$Q=13.70$ L/s的要求，建议更换主供水管。

【问题】

指出临时用水管理中的不妥之处，写出正确做法。通过计算确定更换主供水管的规格。

案例七

出题点：施工平面管理

【背景资料】

A住宅小区工程，建筑面积为5.1万平方米，招标文件要求按工程量清单计价规范报价。某建筑企业采用不平衡报价法编制投标报价并中标，合同工期为20个月。

在施工阶段，上级主管机构组织开展了工程质量管理考评活动。

【问题】

工程质量管理考评的主要内容是什么？

第7章　施工招标投标与合同管理

考情解密

考　点	内容要求
施工招标投标	1. 了解施工招投标方式与程序、施工投标报价策略、施工投标文件 2. 掌握合同计价方式、基于工程量清单的投标报价
施工合同管理	1. 掌握施工承包合同管理 2. 熟悉专业分包合同管理、劳务分包合同管理、材料设备采购合同管理

7.1　施工招标投标

Tips： 预测该节考试题型主要为单选题、多选题和案例题。

一、单项选择题

总承包服务费计入（　　　）。

A.规费

B.措施项目费

C.分部分项工程费

D.其他项目费

二、多项选择题

1. 以下工程适合采用高盈利策略的是（　　　）。

A.施工条件差的项目

B.施工条件好的工程

C.支付条件好的工程

D.工期要求紧的工程

E.竞争对手少的工程

2. 下列费用中属于企业管理费的有（　　　）。

A.住房公积金

B.固定资产使用费

C.工程排污费

D.工伤保险费

E.劳动保护费

三、实务操作和案例分析题

案例一

出题点：合同计价方式

【背景资料】

某大型综合商场工程，建筑面积为5600 m²，地下1层，地上3层，现浇钢筋混凝土框架结构。中标单位投标报价书情况是：土石方工程清单工程量为650 m³，定额工程量900 m³，定额单价人工费为8.40元/m³、材料费为12.00元/m³、机械费为1.60元/m³。分部分项工程量清单合价为4200万元，脚手架等单价措施费为200万元，安全文明施工费为分部分项与单价措施费之和的4%，总价措施费为分部分项工程费的8%，暂列金额为100万元，企业管理费费率为15%，利润率为5%，规费为100万元，增值税销项税率为9%。

【问题】

中标单位所报的土石方分项工程综合单价是多少？中标造价是多少万元？（均需列式计算，计算结果保留小数点后2位）

案例二

出题点：合同计价方式

【背景资料】

建设单位完成整改并经当地建设主管部门审核通过后，进行了公开招投标工作，某建筑总公司中标，双方签订了施工总承包合同，签约合同价的部分明细如下：分部分项工程的人工费、材料费、机械费之和为2130.00万元，脚手架费为62.00万元，措施项目费为102.00万元，总包管理费及配合费为80.00万元，其他项目费为120.00万元，暂列金额为30.00万元，企业管理费费率为10%，利润率为5%，规费为13.41万元，增值税税率为10%。

【问题】

列式计算建筑总公司中标工程的分部分项工程费、增值税以及签约合同价各是多少万元？（计算结果保留小数点后2位）

案例三

出题点：合同计价方式

【背景资料】

在总承包施工合同中约定"当工程量偏差超出5%时，该项增加部分或剩余部分的综合单价按5%进行浮动"。施工单位编制竣工结算时发现工程量清单中两个清单项的工程数量增减幅度超出5%，其相应工程数量、单价等数据详见表1-3-7-1。

表1-3-7-1　工程量清单

清单项	清单工程量	实际工程量	清单综合单价	浮动系数
A	5080 m³	5594 m³	452元/m³	5%
B	8918 m²	8205 m²	104元/m²	5%

【问题】

1.分别计算清单项A、清单项B的结算总价。（计算结果保留整数，单位：元）

2.简述变更价款的原则。

案例四

出题点：合同计价方式

【背景资料】

建设单位投资兴建写字楼工程，采用工程量清单计价，总投资额为3200万元，建筑面积为16000 m²。经公开招投标，最终甲施工单位中标。双方明确了合同价款的数额和付款方式，其中就税款问题明确了是否含税等内容，最终双方签订了一份合同总价为2000万元，其中暂列金额为80万元，暂估价为100万元，工期为7个月的施工总承包合同。

合同有关工程价款的支付条款如下：

（1）开工前，发包人按签约合同价的20%作为预付款支付给承包人，预付款在第3～6个月平均扣回；

（2）进度款按月结算支付，按承包人应得工程款的90%支付；

（3）总监理工程师每个月签发的付款凭证最低限额是200万元；

（4）竣工结算时，按结算价款总额的3%一次性扣留质量保证金。

承包人每个月实际完成产值如下表所示。

表1-3-7-2　每月实际完成产值

月　份	1	2	3	4	5	6	7
完成产值/万元	180	200	350	300	400	350	300

【问题】

计算开工前发包人应支付给承包人的预付款、第5个月的进度款、应支付的竣工付款金额。（所有计算结果均保留2位小数，单位：万元）

案例五

【背景资料】

由于承包人的原因，未在约定的工期内竣工，还有5000万元的工程量未完成。在完成该部分工程量后，对超出约定工期的工程量进行价格调整（不考虑之前的签证价款）。相应的可调因子、变值权重及价格指数如下表所示。

表1-3-7-3 可调因子的变值权重及价格指数信息表

序　号	名　称	变值权重	基本价格指数	约定竣工日期价格指数	实际竣工日期价格指数	备　注
1	A	0.3	0.95	0.99	1.10	
2	B	0.1	1.02	1.05	1.03	
3	C	0.2	0.98	0.95	0.96	
4	D	0.2	0.96	0.88	0.93	
定值权重		0.2	—	—	—	
合计		1	—	—	—	

【问题】

用调值公式法计算工期延误后的工程价款。（单位：万元，精确到小数点后2位）

案例六

【背景资料】

某房地产开发公司与某施工单位签订了一份价款为1000万元的建筑工程施工合同，合同工期为7个月。工程价款约定如下：

（1）工程预付款为合同价的10%；

（2）工程预付款扣回的时间及比例：工程款（含工程预付款）支付至合同价款的60%后，开始从当月的工程款中扣回工程预付款，分两个月平均扣回；

（3）工程质量保修金为工程结算总价的3%，竣工结算时一次性扣留；

（4）工程款按月支付，工程款达到合同总造价的90%时停止支付，余款待工程结算完成并扣除保修金后一次性支付。每月完成的工程量如表1-3-7-4所示（7个月工期）。

表1-3-7-4　每月完成的工程量表

月　份	3	4	5	6	7	8	9
实际完成工程量/万元	80	160	170	180	160	130	120

工程施工过程中，双方签字认可因钢材涨价增补价差5万元，因施工单位保管不力罚款1万元。

【问题】

1. 列式计算本工程预付款及其起扣点分别是多少万元？工程预付款从几月份开始起扣？

2. 7、8月份开发公司应支付工程款多少万元？截至8月末累计支付工程款多少万元？

3. 工程竣工验收合格后双方办理了工程结算，工程竣工结算之前累计支付工程款多少万元？本工程竣工结算是多少万元？本工程保修金是多少万元（计算结果保留小数点后2位）？

案例七

出题点：施工投标报价策略 ＋ 合同计价方式

【背景资料】

A住宅小区工程，建筑面积为5.1万平方米，招标文件要求按工程量清单计价规范报价。某建筑企业采用不平衡报价法编制投标报价并中标，合同工期为20个月。由于配套的供热工程设计图纸内容不明确，估计确定后会增加工程量，建筑企业适当降低了供热工程的投标报价。因前期的土方工程能够早日回收工程款，建筑企业适当降低了土方工程的投标报价。

该工程中标价组成中，分部分项工程费为9000万元，措施项目费为600万元，其他项目费为400万元，规费以上述费用为基数，费率为2%，以上费用均不含增值税进项税额，增值税税率为9%。

【问题】

1. 指出该企业投标报价时不平衡报价法使用的不妥之处，并给出正确做法。

2. 该工程中标价中规费、增值税和中标总价分别是多少？

7.2　施工合同管理

Tips：预测该节考试题型主要为单选题、多选题和案例题。

一、单项选择题

"四比一算"中，一算是指（　　　）。

A.算远距　　　　　B.算时间　　　　　C.算成本　　　　　D.算数量

二、多项选择题

施工承包合同履行过程中应进行合同变更的情形有（　　　）。

A.基础底面设计标高降低0.5 m

B.总承包单位经建设单位同意，把土方工程分包给具有相应资质的B公司施工

C.建设单位要求剪力墙表面平整度允许偏差调整为3 mm

D.劳务用工数量有重大调整

E.承包单位提出优化墙体施工方案

三、实务操作和案例分析题

案例一

出题点：施工承包合同管理

【背景资料】

某施工单位在中标某高档办公楼工程后，甲乙双方通过协商，对工期及计价方式做出了相应调整与修改，同时对工程合同协议书及专用合同条款和通用合同条款修改意见达成一致，签订了施工合同。确认包括投标函、中标通知书等合同文件按照《建设工程施工合同（示范文本）》规定的优先顺序进行解释。合同中约定总承包单位将装饰装修、幕墙等分部分项工程进行专业分包。施工过程中，监理单位下发针对专业分包工程范围内墙面装饰装修做法的设计变更指令，在变更指令下发后的第10天，专业分包单位向监理工程师提出该项变更的估价申请。监理工程师审核时发现计算有误，要求施工单位修改。于变更指令下发后的第17天，监理工程师再次收到变更估价申请，经审核无误后提交建设单位，但一直未收到建设单位的审批意见。次月底，施工单位在上报已完工程进度款支付时，包含了经监理工程师审核、已完成的该项变更所对应的费用，建设单位以未审批同意为由予以扣除，并提出变更设计增加款项只能在竣工结算前最后一期的进度款中支付。

【问题】

1. 指出合同签订中的不妥之处，写出背景资料中五个合同文件解释的优先顺序。施工合同文件还有哪些组成部分？

2. 在墙面装饰装修做法的设计变更估价申请报送及进度款支付过程中存在哪些错误之处？分别写出正确的做法。（本小题有3处错误，多答不得分）

案例二

出题点：施工承包合同管理

【背景资料】

工程按期进入安装调试阶段时，由于雷电引发了一场火灾。火灾结束后48小时内，D施工单位向项目监理机构通报了火灾损失情况：价值80.00万元的待安装设备报废；D施工单位人员烧伤所需医疗费及误工补偿费35.00万元；租赁施工设备损坏赔偿费15.00万元；必要的现场管理保卫人员费用支出2.00万元；其他损失待核实后另行上报。监理机构审核属实后上报了建设单位。

【问题】

在火灾事故中，建设单位、D施工单位各自应承担哪些损失？（不考虑保险因素）

案例三

出题点：施工承包合同管理

【背景资料】

在施工过程中，当地遭遇罕见强台风，导致项目发生如下情况：

（1）整体中断施工24天；

（2）施工人员大量窝工，发生窝工费用为88.4万元；

（3）工程清理及修复费用为30.7万元；

（4）为提高后续抗台风能力，部分设计进行变更，经估算涉及费用为22.5万元，该变更不影响总工期。

A总包单位针对上述情况均按合规程序向建设单位提出索赔，建设单位认为上述事项全部由罕见强台风导致，非建设单位过错，应属于总价合同模式下施工单位应承担的风险，均不予同意。

【问题】

针对A总包单位提出的四项索赔，分别判断是否成立。

案例四

出题点：施工承包合同管理

【背景资料】

建设单位投资兴建写字楼工程，经公开招投标，7家施工单位里A施工单位中标。在地下室施工过程中，突遇百年不遇特大暴雨。A施工单位在雨后立即组织工程抢险抢修：抽排基坑内雨污水，发生费用8.00万元；检修受损水电线路，发生费用1.00万元；抢修工程项目红线外受损的施工便道，以保证工程各类物资、机械进场的需要，发生费用7.00万元。A施工单位及时将上述抢险抢修费用以签证方式上报建设单位。建设单位审核后的意见是：上述抢险抢修工作内容均属于A施工单位已经计取的措施费范围，不同意另行支付上述三项费用。

【问题】

分别说明建设单位对A施工单位上报的三项签证费用的审核意见是否正确，并说明理由。

案例五

出题点：施工承包合同管理

【背景资料】

某公司投资建设一幢商场，地下1层、地上5层，建筑面积为12000 m²，结构类型为框架结构。经过公开招标投标，乙施工企业中标。双方采用《建设工程施工合同（示范文本）》签订了施工合同，合同价款的约定方式为固定总价，合同工期为280天，并约定提前或逾期竣工的奖罚标准为每天5万元。

乙方施工至首层框架柱钢筋绑扎时，甲方书面通知将首层及以上各层由原设计层高4.20 m变更为4.80 m，当日乙方停工。25天后甲方才提供正式变更图纸，工程恢复施工。复工当日乙方立即提出停窝工损失60万元和顺延工期25天的书面报告及相关索赔资料，但甲方收到后始终未予答复。

在工程装修阶段，甲方将外墙门口处镶贴瓷砖做法变更为干挂大理石，乙方收到经甲方确认的设计变更文件，调整了相应的施工安排。乙方在施工完毕2个月后的结算中申报了该项设计变更增加费80万元，但遭到甲方的拒绝。

【问题】

1. 双方签订的固定总价合同是否适当？说明固定总价合同的适用范围。建筑工程合同价款的约定还有哪些形式？

2. 乙方的索赔是否成立？结合合同索赔条款说明理由。

3. 乙方申报设计变更增加费是否符合约定？结合合同变更条款说明理由。

案例六

出题点：材料设备采购合同管理

【背景资料】

施工总承包单位签订物资采购合同，购买800 mm×800 mm的地砖3900块，合同标的规定了地砖的名称、等级、技术标准等内容。地砖由A、B、C三地供应，相关信息如表1-3-7-5所示。

表1-3-7-5 地砖采购信息表

序　号	货源地	数量/块	出厂价/（元/块）	其　他
1	A	936	36	
2	B	1014	33	
3	C	1950	35	
合计		3900		

【问题】

分别计算地砖的每平方米用量、各地采购数量比重和材料原价（单位：元/m²）。物资采购合同中的标的内容还有哪些？

案例七

出题点：施工承包合同管理

【背景资料】

A住宅小区工程，建筑面积为5.1万平方米，招标文件要求按工程量清单计价规范报价。某建筑企业采用不平衡报价法编制投标报价并中标，合同工期为20个月。

工程开工后第三个月，建设单位指令增加工程量5100平方米，按原中标单价计价。

【问题】

　　建设单位指令的工程量增加后，该企业可索赔工期是多少个月？

第8章　施工进度管理

考情解密

考　点	内容要求
施工进度计划方法应用	掌握流水施工在进度计划中的应用、网络计划在进度计划中的应用
施工进度计划编制与控制	掌握施工进度计划编制、施工进度计划检查与调整

8.1　施工进度计划方法应用

> **Tips:** 预测该节考试题型主要为单选题和案例题。

一、单项选择题

下列施工参数中，属于工艺参数的是（　　　）

A.流水节拍　　　　　　　　　　　B.流水强度

C.流水步距　　　　　　　　　　　D.流水施工工期

二、实务操作和案例分析题

案例一

出题点：流水施工在进度计划中的应用

【背景资料】

装修施工单位将地上标准层（F6~F20）划分为三个施工段组织流水施工，各施工段上均包含三个施工工序，其流水节拍如表1-3-8-1所示。

表1-3-8-1 标准层装修施工流水节拍参数一览表

流水节拍		施工过程（单位：周）		
		工序①	工序②	工序③
施工段	F6~F10	4	3	3
	F11~F15	3	4	6
	F16~F20	5	4	3

【问题】

1. 标准层装修施工属于何种形式的流水施工，流水施工的组织形式还有哪些？
2. 计算流水施工工期，并绘制流水施工横道图。

案例二

出题点：网络计划在进度计划中的应用

【背景资料】

经总监理工程师批准的施工总进度计划如图所示，其中A、C工作为钢筋混凝土基础工程，B、G工作为片石混凝土基础工程，D、E、F、H、I工作为设备安装工程，K、L、J、N为设备调试工作。

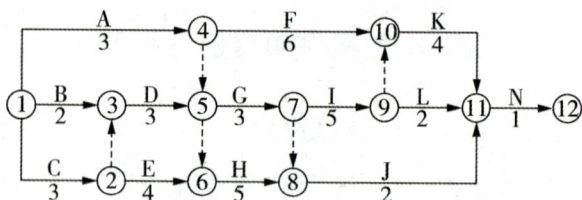

图1-3-8-1 施工总进度计划（单位：周）

【问题】

写出施工总进度计划网络图的关键线路（用节点表示），并计算总工期。

案例三

出题点：网络计划在进度计划中的应用

【背景资料】

某新建职业技术学校，由教学楼、实验楼、办公楼及3栋相同的公寓楼组成。施工组织设计中，针对3栋公寓楼组织流水施工，各工序流水节拍参数如表1-3-8-2所示，图1-3-8-2是绘制的流水施工横道图，核定公寓楼流水施工工期满足整体工期要求。

表1-3-8-2 流水施工参数表

工序编号	施工过程	流水节拍/周	与紧前工序的关系 （搭接/间隔及时间）
1	土方开挖与基础	3	
2	地上结构	5	A、B
3	砌筑与安装	5	C、D
4	装饰装修及收尾	4	

施工过程	施工进度（单位：周）													
	2	4	6	8	10	12	14	16	18	20	22	24	26	28
土方开挖与基础														
地上结构														
砌筑与安装														
装饰装修及收尾														

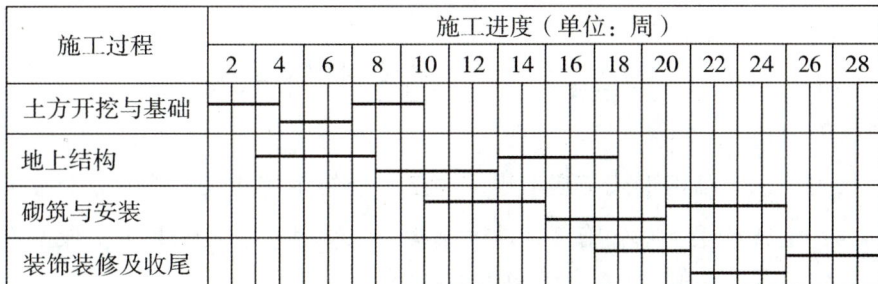

图1-3-8-2　流水施工横道图（单位：周）

【问题】

写出表1-3-8-2中，A、C对应的工序关系，B、D对应的时间。

案例四

出题点：网络计划在进度计划中的应用

【背景资料】

假设项目经理部将基础底板划分为2个流水施工段组织流水施工，并将钢筋、模板、混凝土浇筑施工分别组织专业班组作业，流水节拍均为4 d。

由于技术改进，钢筋与模板两个前后进行的施工过程实现了搭接（提前插入），搭接时间为2 d；而模板与混凝土两个依次进行的施工过程由于模板搭建完后需要进行验收，穿插间隔时间1 d。

【问题】

基础底板工期变为多少天？绘制横道图。

案例五

出题点：网络计划在进度计划中的应用

【背景资料】

某工程包括三个结构形式与建造规模完全一样的单体建筑，共由五个施工过程组成，分别为：土方开挖、基础施工、地上结构、二次砌筑、装饰装修。根据施工工艺要求，地上结构施工完毕后，需等待2周后才能进行二次砌筑。

该工程采用五个专业工作队组织施工，各施工过程的流水节拍如表1-3-8-3所示。

表1-3-8-3　流水施工参数表

施工过程编号	施工过程	流水节拍/周
Ⅰ	土方开挖	2
Ⅱ	基础施工	2
Ⅲ	地上结构	6
Ⅳ	二次砌筑	4
Ⅴ	装饰装修	4

【问题】

1. 上述五个专业工作队的流水施工属于何种形式的流水施工？绘制其流水施工进度计划图，并计算总工期。

2. 若专业队无限制，本工程是否可采用等步距异节奏（成倍节拍）流水施工？若采用，重新绘制流水施工进度计划图，并计算总工期。

案例六

出题点：网络计划在进度计划中的应用

【背景资料】

工程进入装饰装修施工阶段后，施工单位编制了装饰装修阶段施工进度计划网络图，如图1-3-8-3所示，并经总监理工程师和建设单位批准。施工过程中，C工作因故延迟开工8天。

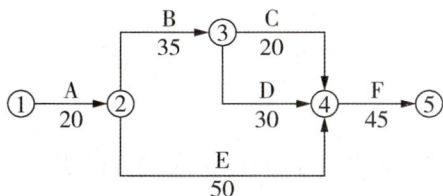

图1-3-8-3　装饰装修阶段施工进度计划网络图（单位：天）

【问题】

1. 指出图中绘图错误。写出施工进度计划网络图中C工作的总时差和自由时差。

2. C工作因故延迟后，是否影响总工期，说明理由。写出C工作延迟后的总工期。

3. 我国常用的工程网络计划类型包括哪些?

案例七

出题点：网络计划在进度计划中的应用

【背景资料】

施工总承包单位按要求向项目监理机构提交了室内装饰工程的时标网络计划图如图1-3-8-4所示，经批准后按此组织实施。

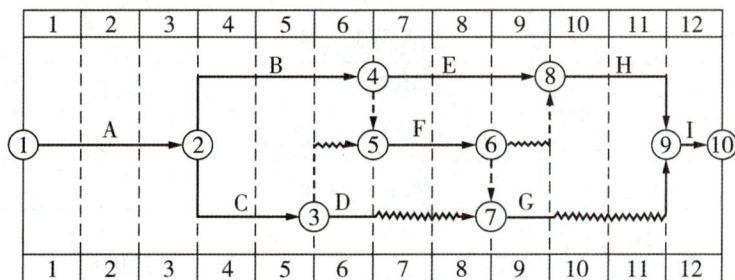

图1-3-8-4　室内装饰工程的时标网络计划图（单位：周）

在室内装饰工程施工过程中，因合同约定由建设单位采购供应的某装饰材料交付时间延误，导致工作F的结束时间拖延14天，为此，施工总承包单位以建设单位延误供应材料为由，向项目监理机构提出工期索赔14天的申请。

【问题】

1. 室内装饰工程的工期为多少天？并写出该网络计划的关键线路（用节点表示）。

2. 施工总承包单位提出工期索赔14天是否成立？说明理由。

案例八

出题点：施工进度计划方法应用

【背景资料】

某公司中标高新产业园职工宿舍楼项目，建筑面积为2万平方米，地上5层，由4个结构形式和建设规模相同的单体建筑组成，合同施工工期为240天。

项目经理部根据工序合理、工艺先进的原则确定了施工顺序。本项目各单体建筑4个施工过程，分别为：地基基础工程、主体工程、装饰装修工程、安装工程。每个施工过程组建1个专业工作队，各施工过程的流水节拍如表1-3-8-4。

表1-3-8-4 流水节拍表

施工过程编号	施工过程	流水节拍/天
I	地基基础工程	30
II	主体工程	45
III	装饰装修工程	30
IV	安装工程	15

【问题】

计算流水施工工期，并判断是否满足合同工期要求。

8.2　施工进度计划编制与控制

Tips：预测该节考试题型主要为案例题。

实务操作和案例分析题

案例一

出题点：施工进度计划检查与调整

【背景资料】

经总监理工程师批准的施工总进度计划如图所示，其中A、C工作为钢筋混凝土基础工程，B、G工作为片石混凝土基础工程，D、E、F、H、I工作为设备安装工程，K、L、J、N工作为设备调试。

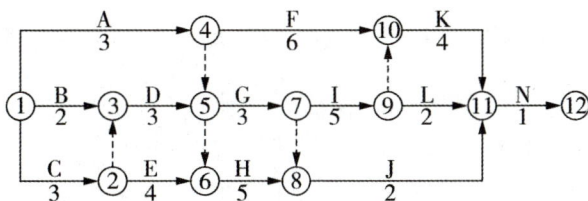

图1-3-8-5　施工总进度计划（单位：周）

在A、C工作开始前，设计单位修改了设备基础尺寸，A工作的工程量由原来的4200 m³增加到7000 m³，C工作工程量由原来的3600 m³减少到2400 m³。

【问题】

设计修改后，在单位时间完成工程量不变的前提下，A、C工作的持续时间分别为多少周？对合同总工期是否有影响？说明理由。

案例二

出题点：施工进度计划检查与调整

【背景资料】

主体结构验收后，施工单位对后续工作进度以时标网络图形式做出安排，如图1-3-8-6所示。在第6周末时，建设单位要求提前1周完工。经测算工作D、E、F、G、H均可压缩1周（工作I不可压缩），所需增加的成本分别为8万元、10万元、4万元、12万元、13万元。施工单位压缩工序时间，实现提前1周完工。

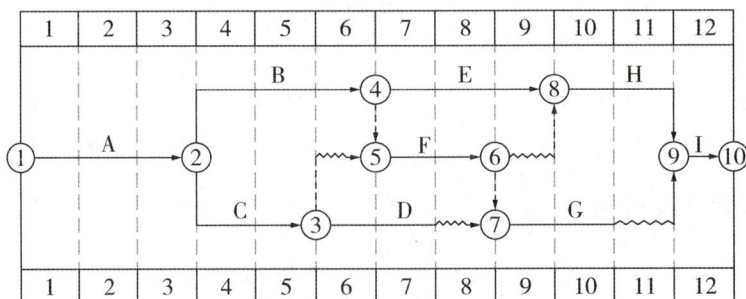

图1-3-8-6 施工进度时标网络图（单位：周）

【问题】

1.按照编制对象不同，本工程应编制哪些施工进度计划？

2.施工单位压缩网络计划时，只能以周为单位进行压缩，若要选择最合理的压缩方式，则其应该压缩哪项工作？需增加成本多少万元？

案例三

出题点：施工进度计划检查与调整

【背景资料】

新建办公楼工程，钢筋混凝土框架–剪力墙结构，M公司总承包施工。

事件一：M公司编制了施工进度计划网络图，如图1-3-8-7所示。

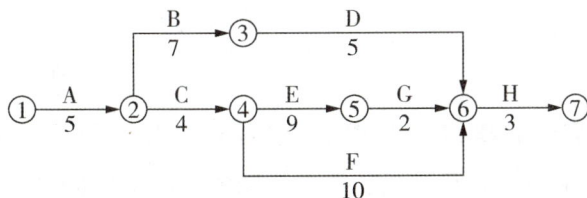

图1-3-8-7 施工进度计划网络图（单位：天）

事件二：M公司将图1-3-8-7所示的施工进度计划网络图报送监理后，总监理工程师发现E、F工作应该在B工作完成后才能开始，要求M公司修改。M公司按监理单位提出的工序要求调整了进度计划，各项工作持续时间不变。

事件三：监理单位对M公司修改后的施工进度计划进行审核后，要求M公司在计划实施中确保修改后的进度计划总工期应与原计划总工期保持不变。原计划各项工作相关参数如表1-3-8-5所示。

表1-3-8-5 相关参数表

工 作	最大可压缩时间/天	赶工费用/（元/天）
A	1	3000
B	2	2500
C	1	3000
D	2	1000
E	2	1000
F	4	1000
G	1	1200
H	1	1500

【问题】

1. 写出事件一中施工进度计划的关键线路（以工作表示并计算总工期）。

2. 绘制事件二中M公司修改后的双代号网络图，并计算总工期。

3. 事件三中，从赶工费最优的角度考虑，写出应压缩的工作项、每项工作压缩天数，列式计算所需赶工费用（单位：元）。

案例四

出题点：工期的调整优化

【背景资料】

某公司中标高新产业园职工宿舍楼项目，建筑面积为2万平方米，地上5层，由4个结构形式和建设规模相同的单体建筑组成，合同施工工期为240天。

项目经理部根据工序合理、工艺先进的原则确定了施工顺序。本项目各单体建筑4个施工过程，分别为：地基基础工程、主体工程、装饰装修工程、安装工程。每个施工过程组建1个专业工作队，各施工过程的流水节拍如表1-3-8-6。

表1-3-8-6　流水节拍表

施工过程编号	施工过程	流水节拍/天
Ⅰ	地基基础工程	30
Ⅱ	主体工程	45
Ⅲ	装饰装修工程	30
Ⅳ	安装工程	15

【问题】

评估工程不满足合同工期要求后，如需进行工期优化，选择优化对象应考虑哪些因素？

第9章 施工质量管理

考情解密

考　点	内容要求
结构工程施工	1.熟悉地基基础工程施工质量管理、钢结构工程施工质量管理、装配式混凝土结构施工质量管理 2.掌握混凝土结构工程施工质量管理、砌体结构工程施工质量管理
装饰装修工程施工	1.掌握墙面工程施工质量管理、吊顶工程施工质量管理 2.熟悉地面工程施工质量管理、门窗与细部工程施工质量管理
屋面与防水工程施工	掌握屋面工程施工质量管理、防水工程施工质量管理、保温隔热工程施工质量管理
工程质量验收管理	1.掌握检验批及分项工程的质量验收、分部工程的质量验收、室内环境质量验收、节能工程质量验收、单位工程竣工验收 2.熟悉工程施工资料管理

9.1 结构工程施工

Tips：预测该节考试题型主要为单选题、多选题和案例题。

一、单项选择题

1.冬季填方施工时，每层铺土厚度应比常温时（　　　）。

　　A.增加20%～25%　　　　　　　　B.减少20%～25%

　　C.减少25%～30%　　　　　　　　D.增加25%～30%

2.成型钢筋进场时，下列无须按国家现行有关标准抽样检验的项目是（　　　）。

　　A.屈服强度　　　　　　　　　　　B.抗拉强度

　　C.单位长度重量偏差　　　　　　　D.弯曲性能

3.不满足砌体结构工程施工过程质量控制要求的是（　　　）。

　　A.砌块堆置高度不宜超过2.5 m

　　B.砌筑砂浆应按要求随机取样，每台搅拌机应至少抽检一次

C.砂浆试件为边长为7.07 cm的正方体

D.砌筑砖砌体时，砖应提前1～2 d浇水湿润

4.下列不属于高强度螺栓连接构件摩擦面加工处理方法的是（   ）。

A.手工除锈   B.喷砂

C.酸洗   D.砂轮打磨

二、多项选择题

1.泥浆护壁钻孔灌注桩的钢筋笼，其分段长度应考虑（   ）。

A.地基承载力

B.桩身设计强度

C.成笼的整体刚度

D.材料长度

E.起重设备的有效高度

2.满足混凝土工程施工质量控制要求的有（   ）。

A.同一生产厂家、同一品种、同一等级、同一批号且连续进场的水泥袋装不超过200 t为一检验批

B.水泥出厂超过一个月时，应进行复验

C.当采用饮用水作为混凝土用水时，可不检验

D.预应力混凝土结构中严禁使用含氯化物的水泥

E.预应力混凝土结构中可以使用含氯化物的外加剂

3.钢结构螺栓连接紧固的要求有（   ）。

A.普通螺栓紧固应从中间开始，对称向两边进行

B.永久性普通螺栓外露丝扣不应少于2扣

C.高强度螺栓不能穿过螺栓孔时，可用气割扩孔

D.高强度螺栓不得兼作安装螺栓

E.普通螺栓作为永久性连接螺栓时，头侧放置的垫圈不应多于2个

三、实务操作和案例分析题

案例一

出题点：混凝土结构工程施工质量管理

【背景资料】

主体结构施工过程中，施工单位对进场的钢筋按国家现行有关标准抽样检验了抗拉强度、屈服强度。结构施工至4层时，施工单位进场一批72吨 ϕ18的螺纹钢筋，在此前因同厂家、同牌号的该规格钢筋已连续三次进场检验均一次检验合格，施工单位对此批钢筋仅抽取一组试件送检，监理工程师认为取样组数不足。

【问题】

施工单位还应增加哪些钢筋原材检测项目？通常情况下钢筋原材检验批量最大不宜超过多少吨？监理工程师的意见是否正确？说明理由。

案例二

出题点：混凝土结构工程施工质量管理

【背景资料】

本工程混凝土设计强度等级：梁板均为C30，地下部分框架柱为C40，地上部分框架柱为C35。施工总承包单位针对梁柱核心区（梁柱节点部位）混凝土浇筑制定了专项技术措施。拟采取竖向结构与水平结构连续浇筑的方式：地下部分梁柱核心区中，沿柱边设置隔离措施，先浇筑框架柱及隔离措施内的C40混凝土，再浇筑隔离措施外的C30梁板混凝土。地上部分，先浇筑柱C35混凝土至梁柱核心区底面（梁底标高处，梁柱核心区与梁、板一起浇筑C30混凝土）。针对上述技术措施，监理工程师提出异议，要求修正其中的错误和补充必要的确认程序，现场才能实施。

【问题】

针对混凝土浇筑措施监理工程师提出的异议，施工总承包单位应修正和补充哪些措施和确认？

案例三

出题点：混凝土结构工程施工质量管理

【背景资料】

某施工单位承接一栋新建物流仓库工程。钢筋混凝土框架结构，部分为钢结构。在钢结构施工中，项目部要求施焊人员在施工前，对焊枪和焊条进行烘焙。施焊过程中，工期紧迫，焊工不足，项目经理即抽调现场一名持有机械管理员证书的人员参加焊工班组施焊。

【问题】

机械管理员参与施焊是否正确？说明理由。除焊枪和焊条外，需要进行烘焙的焊接工具和焊接材料还有哪些？

案例四

出题点：装配式混凝土结构工程施工质量管理

【背景资料】

某新建住宅工程，地上18层，首层为非标准层，结构现浇，工期为8天。2～18层为标准层，采用装配式结构体系。其中，墙体以预制墙板为主，楼板以预制叠合板为主。所有构件通过塔吊吊装。

经验收合格预制构件按计划要求分批进场，构件生产单位向施工单位提供了相关质量证明文件。

某A型预制叠合板进场后，在指定区域按不超过6层码放。最下层直接放在通长型钢支垫上，其他层与层之间使用垫木。垫木距板端300 mm，间距1800 mm。

预制叠合板安装工艺包括：①测量放线；②支撑架体搭设；③叠合板起吊；④位置、标高确认；⑤叠合板落位；⑥支撑架体调节；⑦摘钩。

存放区靠放于专用支架的某B型预制外墙板，与地面倾斜角度为60°。施工人员直接将该预制外墙板吊至所在楼层，利用外轮廓线控制就位后，设置2道可调斜撑临时固定。

【问题】

1. 预制构件进场时，构件生产单位提供的质量证明文件包含哪些内容？

2. 针对A型预制叠合板码放的不妥之处，写出正确做法。

3. 根据背景资料，写出预制叠合板安装的正确顺序（用序号表示，如①②③④⑤⑥⑦）。

4. 针对B型预制外墙板在靠放和吊装过程中的不妥之处，写出正确做法。

案例五

出题点：混凝土结构工程施工质量管理

【背景资料】

某学校教学楼工程，地上5层，结构类型为钢筋混凝土框架结构。1层层高为4.5 m，2~5层层高均为3.9 m。门厅设中庭，其高度为8.4 m，跨度为9.0 m×9.0 m，采用井字梁楼盖。1层设8个普通教室，2~5层每层设10个普通教室，普通教室的使用面积均为90 m^2。

第3篇 建筑工程项目管理实务

施工前，项目部编制了模板工程专项施工方案，部分内容包括：①立柱底部设置砖垫块；②模板及支架杆件在楼层内集中码放整齐；③因设计无具体要求，井字梁混凝土强度达到设计的混凝土立方体抗压强度标准值的75%时，拆除梁底模和支架。监理单位要求进行修改。

2层梁板混凝土浇筑前，项目部检查了混凝土运输单，测定了混凝土的扩展度，确认无误后进行了混凝土浇筑。

【问题】

1. 改正模板工程专项施工方案中的不妥之处。

2. 2层梁板浇筑前，混凝土的核验内容还应包括哪些？

9.2 装饰装修工程施工

Tips：预测该节考试题型主要为案例题。

实务操作和案例分析题

案例一

出题点：墙面工程施工质量管理

【背景资料】

某施工单位承接一饰面板工程施工。

【问题】

饰面板工程的隐蔽工程验收内容有哪些？

案例二

出题点：门窗与细部工程施工质量管理

【背景资料】

某学校教学楼工程，地上五层，结构类型为钢筋混凝土框架结构。1层层高为4.5 m，2～5层层高均为3.9 m。门厅设中庭，其高度为8.4 m，跨度为9.0 m×9.0 m，采用井字梁楼盖。1层设8个普通教室，2～5层每层设10个普通教室，普通教室的使用面积均为90 m²。

门窗工程完工后，总监理工程师组织相关人员进行门窗子分部工程质量验收，检查了观感质量，并对门窗工程有关安全和功能的检测项目报告、相关的检查文件和记录进行核查，验收结论为合格。

【问题】

门窗工程有关安全和功能的检测项目有哪些？

9.3 屋面与防水工程施工

Tips：预测该节考试题型主要为多选题和案例题。

一、多项选择题

屋面工程施工时，建立各道工序（ ）的"三检"制度。

A.自检 B.互检

C.交接检 D.监理人员专检

E.专职人员检查

二、实务操作和案例分析题

案例一

-------- 出题点：屋面与防水工程施工 --------

【背景资料】

某新建住宅工程，室内卫生间采用聚氨酯防水涂料，水泥砂浆粘贴陶瓷饰面板。卫生间装修施工中，记录有以下事项：穿楼板止水套管周围二次浇筑混凝土抗渗等级与原混凝土相同；陶瓷饰面板进场时检查放射性限量检测报告合格；地面饰面板与水泥砂浆结合层分段先后铺设；防水层、设备和饰面板层施工完成后，一并进行一次蓄水、淋水试验。

【问题】

指出卫生间施工记录中的不妥之处，写出正确做法。

案例二

-------- 出题点：屋面与防水工程施工 --------

【背景资料】

聚氨酯防水涂料施工完毕后，从下午5：00开始进行蓄水检验；次日上午8：30，施工总承包单位要求项目监理机构进行验收。监理工程师对施工总承包单位的做法提出异议，不予验收。

【问题】

监理工程师的做法是否正确？说明理由。

9.4　工程质量验收管理

Tips：预测该节考试题型主要为单选题、多选题和案例题。

一、单项选择题

1.关于检验批的质量验收，下列说法错误的是（　　）。

A.检验批是工程质量验收的最小单位

B.检验批应由施工单位项目专业质量检查员组织验收

C.检验批质量验收记录填写时应具有现场验收检查原始记录

D.施工前，应由施工单位制定分项工程和检验批的划分方案

2.关于节能分部工程质量验收，下列说法错误的是（　　）。

A.节能工程为单位建筑工程中的一个分部工程

B.节能工程应在单位工程竣工验收前进行验收

C.建筑节能工程应按照分项工程为单位进行验收

D.节能工程验收资料与主体结构工程验收资料合并组卷

二、多项选择题

1.下列符合工程资料移交规定的有（　　）。

A.施工单位应向建设单位移交施工资料

B.专业承包单位应向施工总承包单位移交施工资料

C.监理单位应向建设单位移交监理资料

D.建设单位应向城建档案管理部门移交工程档案

E.向城建档案管理部门移交的工程档案可为复印件

三、实务操作和案例分析题

案例一

出题点：检验批、分项及分部工程的质量验收

【背景资料】

某施工单位中标一汽车修理厂项目，包括一栋7层框架结构的办公楼，一栋钢结构的车辆维修车间及相关配套设施。维修车间主体结构完成后，总监理工程师组织了主体分部验收，质量为合格。

【问题】

1. 分部工程质量验收合格要求哪些抽样结果符合规定？
2. 写出分部工程的划分原则。

案例二

出题点：检验批、分项及分部工程的质量验收

【背景资料】

某框剪结构办公楼，预制桩筏板基础。地基与基础分部工程完工并具备验收条件后，组织了该分部工程验收。

【问题】

地基与基础分部工程验收应由什么人组织？需要哪些单位参加？

案例三

出题点：工程施工资料管理 ＋ 单位工程竣工验收

【背景资料】

　　某办公楼工程，建设单位依据招投标程序选定了监理单位及施工总承包单位，并约定部分工作允许施工总承包单位自行分包。

　　工程完工后，施工总承包单位自检合格，再由专业监理工程师组织了竣工预验收。根据预验收所提出问题施工单位整改完毕，总监理工程师及时向建设单位申请工程竣工验收，建设单位认为程序不妥拒绝验收。

　　项目通过竣工验收后，建设单位、监理单位、设计单位、勘察单位、施工总承包单位与分包单位会商竣工资料移交方式，建设单位要求各参建单位分别向监理单位移交资料，监理单位收集齐全后统一向城建档案馆移交。监理单位以不符合程序为由拒绝。

【问题】

　　1. 指出竣工验收程序有哪些不妥之处，并写出相应正确做法。

　　2. 针对本工程的参建各方，写出正确的竣工资料移交程序。

第10章　施工成本管理

> **考情解密**

考　点	内容要求
施工成本影响因素及管理流程	熟悉施工成本构成及影响因素、施工成本全要素管理、施工成本管理流程
施工成本计划及分解	了解施工成本计划编制、施工成本分解
施工成本分析与控制	掌握施工成本分析、施工成本控制
施工成本管理绩效评价与考核	熟悉施工成本管理绩效评价、施工成本管理绩效考核

10.1 施工成本影响因素及管理流程

> Tips：预测该节考试题型主要为单选题和案例题。

一、单项选择题

不属于直接成本的是（　　　）。

A.人工费

B.材料费

C.措施费

D.企业管理费

二、实务操作和案例分析题

案例

出题点：施工成本影响因素及管理流程

【背景资料】

某工程中标造价费用组成：人工费3000万元，材料费17505万元，机械费995万元，管理费450万元，措施费用760万元，利润940万元，规费525万元，税金850万元。施工总承包单位据此进行了项目施工成本核算等工作。

【问题】

分别列式计算本工程项目的直接成本和间接成本，补全建筑工程施工成本管理的程序。

10.2　施工成本计划及分解

Tips：预测该节考试题型主要为单选题。

单项选择题

按施工项目成本的费用目标分类，环保部门对项目的罚款属于（　　）。

A.生产成本

B.质量成本

C.工期成本

D.不可预见成本

10.3　施工成本分析与控制

Tips：预测该节考试题型主要为单选题和案例题。

一、单项选择题

1.关于施工成本分析的说法，错误的是（　　）。

　A.成本分析的依据是统计核算、会计核算和业务核算的资料

　B.成本分析是对成本控制的过程和结果的分析

　C.竣工成本分析属于综合分析方法

　D.因素分析法的因素排序是先价值量后工程量

2.某建筑外墙的功能分别为F1、F2、F3，根据价值工程控制成本的原理，计算出成本改进期望值分别为25、15、10，则成本改进的优先顺序为（　　）。

　A.F1、F2、F3

　B.F3、F2、F1

　C.F2、F1、F3

　D.F3、F1、F2

二、实务操作和案例分析题

案例一

出题点：施工成本控制

【背景资料】

项目部为了完成项目目标责任书的目标成本，采用技术与商务相结合的办法，分别制定了A、B、C三种施工方案：A施工方案成本为4400万元，功能系数为0.34；B施工方案成本为4300万元，功能系数为0.32；C施工方案成本为4200万元，功能系数为0.34。项目部通过开展价值工程工作，确定最终施工方案。

【问题】

列式计算项目部三种施工方案的成本系数、价值系数（计算结果保留小数点后3位），并确定最终采用哪种方案。

案例二

出题点：施工成本分析与控制

【背景资料】

某工程浇筑一层结构的商品混凝土，目标成本为364000元，实际成本为383760元，比目标成本增加了19760元。商品混凝土目标成本与实际成本对比，如表1-3-10-1所示。

表1-3-10-1　商品混凝土目标成本与实际成本对比表

项　目	计　划	实　际	差　额
产量/m³	500	520	+20
单价/元	700	720	+20
损耗率/%	4	2.5	−0.15
成本/元	364000	383760	+19760

【问题】

1. 根据表1-3-10-1，用因素分析法分析各因素对成本的影响。

2. 建筑工程施工项目成本的费用目标划分有哪些？

10.4 施工成本管理绩效评价与考核

> **Tips：** 预测该节考试题型主要为多选题和案例题。

一、多项选择题

根据项目成本考核的要求，对项目管理机构成本考核的主要指标有（　　　）。

A.机械利用率　　　　　　　　B.材料周转率

C.成本降低额　　　　　　　　D.成本降低率

E.节约用工

二、实务操作和案例分析题

案例

> 出题点：施工成本管理绩效评价与考核

【背景资料】

某分部分项工程承包价格为300万元，其中材料成本占60%，劳动力成本占20%。工程计划用工1000工日，实际用工1200工日，实际材料成本为160万元。该分部分项工程完工后，项目部对管理绩效进行评价和考核。

【问题】

　　1. 列式计算该分部分项工程的劳动生产率。

　　2. 列式计算该分部分项工程的材料成本降低率。

　　3. 写出项目经理对各部门及管理人员进行项目成本考核的内容。

第11章　施工安全管理

考情解密

考　点	内容要求
施工作业安全管理	1. 熟悉脚手架工程安全管理、模板工程安全管理、吊装工程安全管理、高处作业安全管理、施工用电安全管理 2. 了解施工机具安全管理
安全防护与管理	1. 了解"三宝""四口""五临边"安全防护 2. 熟悉基坑工程安全管理、垂直运输机械安全管理、施工安全检查与评定

11.1　施工作业安全管理

Tips： 预测该节考试题型主要为单选题、多选题和案例题。

一、单项选择题

1. 关于交叉作业安全控制要点，不满足要求的是（　　　）。

　　A. 交叉作业人员不允许在同一垂直方向上操作

　　B. 坠落半径内应设置安全防护棚

C.处于起重机臂架回转范围内的通道，应搭设安全防护棚

D.高度超过24 m的交叉作业，通道口应设单层防护棚进行防护

2.关于木工机具安全控制要点，下列说法错误的是（　　　）。

A.木工机具安装完毕，经验收合格后方可投入使用

B.不得使用同台电机驱动多种刃具、钻具的多功能木工机具

C.应戴手套操作平刨

D.机具应使用单向开关

二、多项选择题

附着式升降脚手架应在（　　　）阶段进行检查与验收。

A.生产完成出厂前　　　　　　　　B.首次安装完毕

C.提升或下降前　　　　　　　　　D.拆除前

E.提升、下降到位，投入使用前

三、实务操作和案例分析题

案例一

出题点：高处作业安全管理

【背景资料】

某地下室管道安装时，一名工人站在2.2 m高移动平台上作业，另一名工人在地面协助其工作，安全完成了工作任务。

【问题】

在该高度移动平台上作业是否属于高处作业？高处作业分为几个等级？操作人员必备的个人安全防护用具、用品有哪些？

案例二

【背景资料】

某公司承建某大学城项目，在装饰装修阶段。大学城建设单位追加新建校史展览馆，紧邻在建大学城项目。考虑到展览馆项目紧邻大学城项目，用电负荷较小，且施工组织仅需要6台临时用电设备，某公司依据施工组织设计编制了安全用电和电气防火措施，决定不单独设置总配电箱，直接从大学城项目总配电箱引出分配电箱，施工现场临时用电设备直接从分配电箱连接供电。项目经理安排了一名有经验的机械工进行用电管理。

【问题】

指出校史展览馆工程临时用电管理中的不妥之处，并分别给出正确做法。

案例三

【背景资料】

某项目部在库房、道路、仓库等一般场所安装了额定电压为360 V的照明器，监理单位要求整改。施工总承包单位在专项安全检查中发现：现场室外220 V灯具距地面高度统一为2.5 m；室内220 V灯具距地面高度统一为2.2 m；碘钨灯安装高度统一为2.8 m。检查组下达了整改通知。

【问题】

针对临时用电管理中的不妥之处，分别给出正确做法。施工临时用电配电系统各配电箱、开关箱的安装位置规定有哪些？

案例四

出题点：施工机具安全管理

【背景资料】

现场使用潜水泵抽水过程中，在抽水作业人员将潜水泵倾斜放入水中时，发现泵体根部防水型橡胶电缆老化，并有一处接头断裂，在重新连接处理好后继续使用。下午1时15分，抽水作业人员发现潜水泵体已陷入污泥，其在向外拉拽水管时触电，经抢救无效死亡。

【问题】

写出现场抽水作业人员的错误之处并改正。

案例五

出题点：施工机具安全管理

【背景资料】

建设单位项目负责人组织建设单位、监理单位及施工单位相关人员对施工现场的施工机具进行了安全专项大检查，发现有诸多违规操作现象及施工机具存在安全隐患的问题。具体如下：木工机具采用倒顺双向开关，严禁戴手套进行操作；电焊机的一次侧电源线长度为6 m，且没有保护措施；焊把线长度为32 m且有一处接头；距电焊机施焊位置8 m处为汽油桶堆放点；现场电工使用Ⅰ类手持电动工具在潮湿场所作业；搅拌机操作工在将料斗升起到一定高度后，在料斗下方进行清理和检修工作。

【问题】

针对施工机具检查过程中发现的问题写出正确做法。电焊机的哪些安全装置应齐全有效？钢筋冷拉场地设置要求有哪些？

案例六

出题点：施工作业安全管理

【背景资料】

某全装修交付保障房工程，共12层，建筑面积为5万平方米，结构形式为装配式混凝土结构。

施工中发现作业人员有以下行为：电梯井道施工人员作业时，为施工方便，擅自临时拆除了电梯井口防护门，作业完成后恢复了防护门；进行10层预制外墙板吊装时，在没有设置安全隔离层的情况下，抹灰工人在正下方进行1层外墙面饰面作业。施工单位在2层以上设置了悬挑长度为6米的卸料平台，卸料平台与外围护脚手架采用拉结连接，监理工程师判定为高处作业重大事故隐患。

【问题】

1. 针对施工中作业人员的不规范操作，给出正确做法。

2. 悬挑式卸料平台正确的做法是什么？

11.2　安全防护与管理

Tips：预测该节考试题型主要为单选题、多选题和案例题。

一、单项选择题

1. 基坑支护破坏的主要形式中，导致基坑隆起的原因是（　　　）。

　　A.支护埋置深度不足　　　　　　　B.刚度和稳定性不足

　　C.止水帷幕处理不好　　　　　　　D.人工降水处理不好

2. 对检查中发现的事故隐患应根据"三定"原则进行整改，其中不包括（　　）。

　　A.定人　　　　　　　　　　　　B.定措施

　　C.定时间　　　　　　　　　　　D.定岗位责任

3. 物料提升机安装高度超过30 m时，所采用的安全措施错误的是（　　）。

　　A.设置2组缆风绳　　　　　　　　B.与建筑结构刚性连接

　　C.安装渐进式防坠安全器　　　　　D.安装语音影像信号监控装置

二、多项选择题

下列关于工程施工安全防护"三宝"说法正确的有（　　）。

A.工程施工安全防护"三宝"：安全帽、安全带、防滑鞋

B.安全帽充当坐垫使用

C.安全带低挂高用

D.安全带使用年限不得超过3年

E.严禁用立网代替平网

三、实务操作和案例分析题

案例一

出题点：工程施工安全防护"四口"

【背景资料】

主体结构施工至10层时，项目部在例行安全检查中发现5层楼板有2处（一处为短边尺寸200 mm的孔口，一处为尺寸1600 mm×2600 mm的洞口）安全防护措施不符合规定，责令现场立即整改。

【问题】

针对5层楼板检查所发现的孔口、洞口防护问题，分别写出安全防护措施。

第3篇　建筑工程项目管理实务

案例二

出题点：工程施工安全防护"四口"

【背景资料】

办公楼外防护架采用扣件式钢管脚手架，搭设示意如图1–3–11–1。

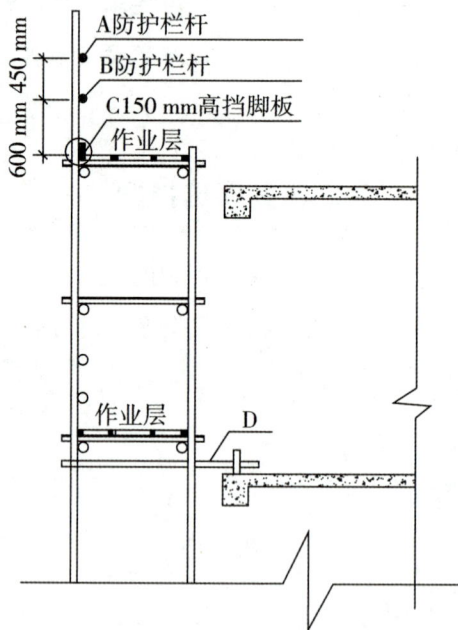

图1–3–11–1　扣件式钢管脚手架构造剖面示意图（单位：mm）

【问题】

分别阐述图中A、B、C做法是否符合要求，并写出正确做法，写出D的名称。

案例三

出题点：施工安全检查与评定

【背景资料】

某企业新建办公楼工程，地下1层，地上16层，建筑高度为55 m，地下建筑面积为

3000 m²，总建筑面积为21000 m²，现浇混凝土框架结构。1层大厅高12 m，长32 m，大厅处有3道后张预应力混凝土梁。合同约定："……工程开工时间为2016年7月1日，竣工日期为2017年10月31日，总工期488天；冬期停工35天；弱电、幕墙工程由专业分包单位施工……"总包单位与幕墙单位签订了专业分包合同。

【问题】

总包单位与专业分包单位签订分包合同过程中，应重点落实哪些安全管理方面的工作？

案例四

出题点：施工安全检查与评定

【背景资料】

某公司按照《建筑施工安全检查标准》对现场进行检查评分，汇总表总得分为85分，但施工机具分项检查评分表得0分。

【问题】

按照《建筑施工安全检查标准》，确定该次安全检查评定等级，并说明理由。

案例五

出题点：垂直运输机械安全管理

【背景资料】

某高校新建一栋办公楼和一栋实验楼，均为现浇钢筋混凝土框架结构。办公楼地下1层，地上11层，建筑檐高48 m；实验楼6层，建筑檐高22 m。建设单位与某施工总承包单位签订了施工总承包合同。

实验楼物料提升机安装总高度为26 m，采用一组缆风绳锚固，与各楼层连接处搭设卸料通道，与相应的楼层接通后，仅在通道两侧设置了临边安全防护措施。地面进料口处仅设置安全防护门，且在相应位置挂设了安全警告标志牌。监理工程部认为安全设施不齐全，要求整改。

【问题】

指出实验楼物料提升机安装中的错误之处，并分别给出正确做法。

案例六

出题点：垂直运输机械安全管理

【背景资料】

设备安装阶段，发现拟安装在屋面的某空调机组重量达到塔吊额定载荷的90%，起吊前先进行试吊，即将空调机组吊离地面200～500 mm后停止提升，现场安排专人进行观察与监护。监理工程师要求对试吊时的各项检查内容旁站监理。

【问题】

在试吊时，必须进行哪些检查？对有晃动的物件该如何处理？外用电梯、塔吊在大雨、大雾和六级及以上大风天气时的应对措施有哪些？

案例七

出题点：垂直运输机械安全管理

【背景资料】

某市中心办公楼工程分为A、B两栋。A栋建筑高度为54 m，装饰装修用垂直运输机械为人货两用的外用电梯。B栋檐高22.5 m，装饰装修用垂直运输机械为物料提升机。

B栋物料提升机安装调试后，项目部组织了验收。验收中发现：物料提升机的基础为200 mm（C20混凝土）厚条形基础；架体外侧檐高以下用立网进行防护；各层卸料通道两侧只做了防护栏杆；各层通道口处设置了常闭型的防护门。

A栋外用电梯安装调试后，监理单位在验收中发现：底笼周围2.0 m范围内设置了牢固的防护栏杆，进出口处的上部根据电梯高度搭设了足够尺寸和强度的防护棚；各层站过桥和运输通道两侧设置了安全防护栏杆，进出口处设置了常开型防护门；各层设置了联络信号。

【问题】

1. 指出物料提升机安装中的不妥之处，并分别给出正确做法。物料提升机的安全装置应满足哪些特点？

2. 指出外用电梯安装中的不妥之处，写出正确做法。外用电梯的安全装置有哪些？

案例八

出题点：施工安全检查与评定

【背景资料】

A住宅小区工程，建筑面积为5.1万平方米，招标文件要求按工程量清单计价规范报价。某建筑企业采用不平衡报价法编制投标报价并中标，合同工期为20个月。

在施工阶段，上级主管机构组织开展了工程质量管理考评活动和施工安全管理检查评定。

【问题】

施工安全管理检查评定的保证项目除了施工组织设计及专项施工方案之外，还包括哪些？

第12章　绿色施工及现场环境管理

考情解密

考　点	内容要求
绿色施工及环境保护	1. 掌握绿色施工及环境保护要求 2. 熟悉施工现场卫生防疫及职业健康、施工现场文明施工及成品保护
施工现场消防	1. 掌握施工现场防火要求 2. 熟悉施工现场消防管理

12.1　绿色施工及环境保护

Tips： 预测该节考试题型主要为单选题和案例题。

一、单项选择题

1.下列对建筑垃圾的处理措施，错误的是（　　　）。

　A.废电池封闭回收　　　　　　　　B.碎石用作路基填料

　C.建筑垃圾回收利用率达30%　　　D.有毒有害废物分类率达80%

2. 一般情况下，夜间施工的时段是（　　　）。

    A.当日18时至半夜24时　　　　　　B.当日18时至次日8时

    C.当日20时至次日6时　　　　　　　D.当日22时至次日6时

3. 施工现场产生的固体废弃物应在所在地县级以上地方人民政府（　　　）申报登记。

    A.环卫部门　　　　　　　　　　　B.市政管理部门

    C.环境保护管理部门　　　　　　　D.垃圾消纳中心

4. 下列对于成品、半成品的保护措施中不属于"护"的有（　　　）。

    A.楼梯踏步采用固定木板进行防护

    B.进出口台阶采用垫砖进行防护

    C.门口固定专用防护条进行防护

    D.铝合金门窗用塑料布包扎保护

二、实务操作和案例分析题

案例一

出题点：绿色施工及环境保护

【背景资料】

施工单位进场后编制了单位工程施工组织设计，其中明确了"四节一环保"的绿色施工管理目标，对施工现场的生产、生活、办公和主要能耗设备进行重点管理，并采取了节能的具体控制措施。

【问题】

写出"四节一环保"的具体内容。"节能"和"环境保护"体现在施工现场管理方面主要有哪些内容？

案例二

出题点：绿色施工及环境保护

【背景资料】

基坑施工过程中，因工期较紧，专业分包单位夜间连续施工。挖掘机、桩机等施工机械噪声较大，附近居民意见很大，到有关部门投诉，有关部门责成总承包单位严格遵守文明施工作业时间段规定，现场噪声不得超过国家标准《建筑施工场界环境噪声排放标准》的规定。

【问题】

根据文明施工要求，在居民密集区进行强噪声施工，作业时间段有什么具体规定？特殊情况需要昼夜连续施工，需做好哪些工作？

案例三

出题点：现场文明施工管理

【背景资料】

现场的施工区域与办公区、生活区划分清晰，并采取了相应的隔离防护措施。在建工程内，库房不得兼作宿舍。进入夏季后，公司项目管理部对该项目的工人宿舍和食堂进行了检查，个别宿舍内床铺均为2层，住有18人；宿舍室内净高为2.4米，住宿人员人均面积为2平方米；窗户为封闭式窗户，防止他人进入；通道宽度为0.8米。食堂办理了卫生许可证，3名炊事人员均有身体健康证，上岗符合个人卫生相关规定。检查后项目管理部对工人宿舍的不足提出了整改要求，并限期达标。

【问题】

指出工人宿舍管理的不妥之处并改正。在炊事人员上岗期间，从个人卫生角度还有哪些具体管理规定？

案例四

出题点：绿色施工及环境保护要求

【背景资料】

某全装修交付保障房工程，共12层，建筑面积为5万平方米，结构形式为装配式混凝土结构。施工单位遵循"四节一环保"理念进行绿色施工管理，在施工组织设计中增加了专门的绿色施工章节，表1-3-12-1是部分绿色施工管理量化指标。

表1-3-12-1　绿色施工管理量化指标

项　目	目标控制点	控制指标
噪声控制	昼间噪声	30 dB
	夜间噪声	40 dB
节地控制	施工用地	临建设施占地面积有效利用率不大于70%
节能控制	材料运输	采购地距现场500 km内采购量占比不低于50%

工程竣工后，统计得到固体废弃物（不包括工程渣土、工程泥浆）排放量为1500 t。

【问题】

1. 改正表1-3-12-1控制指标中的不妥之处。

2. 该工程固体废弃物排放量是否符合绿色施工标准？说明理由。

12.2　施工现场消防

> Tips：预测该节考试题型主要为单选题、多选题和案例题。

一、单项选择题

1. 施工现场负责审查批准一级动火作业的是（　　　）。

A.项目负责人　　　　　　　　　　B.项目生产负责人

C.项目安全管理部门　　　　　　　D.企业安全管理部门

2.施工现场临时宿舍区面积为150 m²，需配备（　　　）只10 L的灭火器。

A.1　　　　　　　　B.2　　　　　　　　C.3　　　　　　　　D.4

3.仓库内严禁使用的灯具是（　　　）。

A.荧光灯　　　　　B.钠灯　　　　　C.碘钨灯　　　　　D.氙灯

二、多项选择题

下列动火作业中，属于一级动火的有（　　　）。

A.受压设备内焊接作业　　　　　　　B.木工棚附近焊割作业

C.小型油箱内焊割作业　　　　　　　D.储存过可燃液体的容器内动火

E.作业层钢筋焊接作业

三、实务操作和案例分析题

案例一

出题点：施工现场消防

【背景资料】

某施工单位中标后组建项目部进场施工，在项目现场搭设了总面积超过1200 m²的临时设施区域，并根据施工总人数800人建立了50人的义务消防队。现场消防要求电焊工作业时，要具备相关条件才能进行。

在消防重点部位，易燃材料仓库设在上风地带，有明火的生产辅助区与易燃材料、危险物品与危险物品、危险物品与易燃易爆品间距均为20 m，易燃易爆危险品库房单个房间的建筑面积为30 m²。

【问题】

1.在临时设施区域内应设置哪些消防器材或设施？

2.义务消防队人数是否合理？请说明理由。

3.写出背景资料中电焊工应具备的条件。

4.指出消防重点部位设置的不妥之处，并写出正确做法。

案例二

出题点：施工现场消防

【背景资料】

为宣传企业形象，总承包单位在现场办公室前空旷场地竖立了悬挂企业旗帜的旗杆，旗杆与基座预埋件焊接连接。

【问题】

旗杆与基座预埋件焊接是否需要开动火证？如需要，说明动火等级并给出相应的审批程序。

案例三

出题点：施工现场消防

【背景资料】

在钢结构的安装焊接施工中，根据现场需要，由项目技术负责人组织编写了施工现场防火安全技术方案，填写了动火申请表，交由项目经理审批。因动火当日有雨，改为次日天晴时更换动火地点继续实施。

【问题】

防火安全技术方案组织人和审批人是否正确？说明理由。动火证使用规定内容有哪些？

第二部分

巩固提升

通关必做卷一（基础阶段测试）

试卷总分：120分

扫码查看
视频讲解

一、单项选择题（共20题，每题1分。每题的备选项中，只有1项最符合题目要求）

1. 关于民用建筑构造要求的说法，不正确的是（　　　）。

    A.阳台等临空处应设置防护栏杆

    B.临空高度在24 m以下时，栏杆高度不应低于1.05 m

    C.室内楼梯扶手高度自踏步前缘线量起不应大于0.90 m

    D.上人屋面的临开敞中庭的栏杆高度不应低于1.2 m

2. 建筑抗震设防，根据其使用功能的重要性分为（　　　）个类别。

    A.二   B.三

    C.四   D.五

3. 预应力混凝土楼板结构的混凝土最低强度等级不应低于（　　　）。

    A.C25   B.C30

    C.C35   D.C40

4. 钢筋混凝土结构的优点不包括（　　　）。

    A.工期长   B.耐久性好

    C.整体性好   D.可模性好

5. 关于混凝土外加剂的说法，正确的是（　　　）。

    A.掺入减水剂不能改善混凝土的耐久性

    B.缓凝剂在使用前必须进行试验

    C.掺入引气剂可提高混凝土的抗渗性和抗压强度

    D.早强剂多用于大体积混凝土施工

6. 下列测量仪器中，最适宜用于多点间水平距离测量的是（　　　）。

    A.水准仪   B.经纬仪

    C.激光铅直仪   D.全站仪

7. 关于中心岛式挖土的说法，不正确的是（　　　）。

    A.应首先挖去基坑四周的土

    B.宜用于中间具有较大空间情况下的大型基坑

C.有利于减少支护体系的变形

D.用于有支护土方开挖

8.在冬期施工某一外形复杂的混凝土构件时，最适宜采用的模板体系是（　　）。

A.木模板体系

B.散支散拆胶合模板体系

C.早拆模板体系

D.飞模

9.根据《建筑基坑支护技术规程》规定，关于基坑支护结构安全等级的说法，不正确的是（　　）。

A.基坑支护结构可划分为三个安全等级

B.不同等级采用相对应的重要性系数 γ_0

C.同一基坑的安全等级一定相同

D.安全等级为一级的，其重要性系数 $\gamma_0 = 1.1$

10.关于室内卷材防水层施工的说法，不正确的是（　　）。

A.基层表面不得出现孔洞、蜂窝麻面、缝隙等缺陷

B.基层干燥度应符合产品要求

C.采用水泥基胶粘剂的基层应先充分干燥

D.以粘贴法施工的防水卷材，其与基层应采用满粘法铺贴

11.关于建筑施工现场安全文明施工的说法，正确的是（　　）。

A.场地四周围挡应连续设置

B.现场主出入口可以不设置保安值班室

C.高层建筑消防水源可与生产水源共用管线

D.在建工程审批后可以住人

12.基坑土石方开挖的顺序、方法必须与设计要求相一致，并遵循"开槽支撑，（　　），严禁超挖"的原则。

A.先撑后挖，整体开挖

B.先撑后挖，分层开挖

C.先挖后撑，整体开挖

D.先挖后撑，分层开挖

13.钢筋代换时，应征得（　　）的同意，并办理相应设计变更文件。

A.设计单位

B.施工单位

C.监理单位

D.建设单位

14.参与危大工程专家论证会的专家人数不得少于（　　）。

A.3名　　　　　　　　　　　　　　B.4名

C.5名　　　　　　　　　　　　　　D.6名

15.某型钢-混凝土组合结构工程,征得建设单位同意的下列分包情形中,属于违法分包的是(　　　)。

　　A.总承包单位将其承包的部分钢结构工程进行分包

　　B.总承包单位将其承包的部分结构工程的劳务作业进行分包

　　C.专业分包单位将其承包的部分工程的劳务作业进行分包

　　D.劳务分包单位将其承包的部分工程的劳务作业进行分包

16.根据《建筑工程施工质量验收统一标准》,单位工程竣工验收应由(　　　)项目负责人组织。

　　A.施工单位　　　　　　　　　　　B.建设单位

　　C.监理单位　　　　　　　　　　　D.设计单位

17.如发生法定传染病,必须(　　　)向所在地建设行政主管部门和有关部门报告。

　　A.立即　　　　　　　　　　　　　B.在1 h内

　　C.在1 h后　　　　　　　　　　　D.在2 h内

18.关于建筑防水工程的说法,正确的是(　　　)。

　　A.卷材防水层的基面阴阳角处必须做成圆弧

　　B.冷粘法铺贴卷材时,施工的环境气温不宜低于-10℃

　　C.卷材防水层应铺设在混凝土结构的迎水面上

　　D.阴阳角等特殊部位铺设的卷材加强层宽度不应小于250 mm

19.门窗工程有关安全和功能的检测项目不包括(　　　)。

　　A.气密性能　　　　　　　　　　　B.水密性能

　　C.抗风压性能　　　　　　　　　　D.层间变形性能

20.对采用自然通风的民用建筑工程进行室内环境污染物TVOC浓度检测时,应在外门窗关闭至少(　　　)后进行。

　　A.1 d　　　　　　　　　　　　　B.1 h

　　C.12 h　　　　　　　　　　　　D.24 h

二、多项选择题（共10题，每题2分。每题的备选项中，有2个或2个以上符合题意，至少有1个错项。错选，本题不得分；少选，所选的每个选项得0.5分）

21. 建筑物的围护体系包括（　　）。

    A.屋面
    B.外墙
    C.内墙
    D.内门
    E.外窗

22. 一般情况下，关于钢筋混凝土框架结构震害的说法，正确的有（　　）。

    A.短柱的震害重于一般柱
    B.柱底的震害轻于柱顶
    C.角柱的震害重于内柱
    D.柱的震害重于梁
    E.内柱的震害重于角柱

23. 关于砌体结构特点的说法，正确的有（　　）。

    A.耐火性能好
    B.抗弯性能差
    C.耐久性较差
    D.施工方便
    E.抗震性能好

24. 混凝土拌合物的工作性包括（　　）。

    A.泌水性
    B.耐久性
    C.黏聚性
    D.流动性
    E.抗冻性

25. 下列防水材料中，不属于刚性防水材料的有（　　）。

    A.JS聚合物水泥基防水涂料
    B.聚氨酯防水涂料
    C.水泥基渗透结晶型防水涂料
    D.防水混凝土
    E.防水砂浆

26. 分部工程验收不得由（　　）组织。

    A.施工单位项目经理
    B.总监理工程师
    C.专业监理工程师
    D.建设单位项目负责人
    E.建设单位项目专业技术负责人

27. 项目施工过程中，应及时对施工组织设计进行修改或补充的情况有（　　）。

    A.桩基的设计持力层变更
    B.工期目标重大调整
    C.现场增设三台塔吊
    D.预制管桩改为钻孔灌注桩
    E.更换劳务分包单位

28. 针对危险性较大的建设工程，（　　）应当建立危险性较大的分部分项工程安全管理制度。

    A.建设单位

    B.勘察单位

    C.施工单位

    D.监理单位

    E.设计单位

29. 建筑工程质量验收划分时，当分部工程较大或较复杂时，可按（　　）将分部工程划分为若干子分部工程。

    A.材料种类

    B.专业性质

    C.施工特点

    D.工程部位

    E.施工程序

30. 关于砌体结构工程施工的说法，不正确的有（　　）。

    A.砌体基底标高不同处应从低处砌起

    B.砌体墙上不允许留置临时施工洞口

    C.宽度为300 mm的洞口上方应设置加筋砖梁

    D.配筋砌体施工质量控制等级分为A、B二级

    E.无构造柱的砖砌体的转角处可以留置直槎

三、实务操作和案例分析题（共4题，每题20分）

案例一

【背景资料】

某房屋建筑工程，建筑面积为26800 m²，地下2层，地上7层，钢筋混凝土框架结构。根据《建设工程施工合同（示范文本）》和《建设工程监理合同（示范文本）》，建设单位分别与中标的施工总承包单位和监理单位签订了施工总承包合同和监理合同。

经项目监理机构审核和建设单位同意，施工总承包单位将深基坑工程分包给了具有相应资质的某分包单位。深基坑工程开工前，分包单位项目技术负责人组织编制了深基坑工程专项施工方案，经该单位技术部门组织审核、技术负责人签字确认并加盖单位公章后，报项目监理机构审批。

室内卫生间防水工程施工过程中，施工总承包单位将卫生间四周墙根防水层高度

设置为200 mm。室内防水层施工完毕后，从下午5：00开始进行蓄水检验；次日上午8：30，施工总承包单位要求项目监理机构进行验收。监理工程师对施工总承包单位的做法提出异议，不予验收。

在监理工程师要求的时间内，施工总承包单位提交了室内装饰装修工程的进度计划双代号时标网络图（如图2-1-1），经监理工程师确认后按此组织施工。

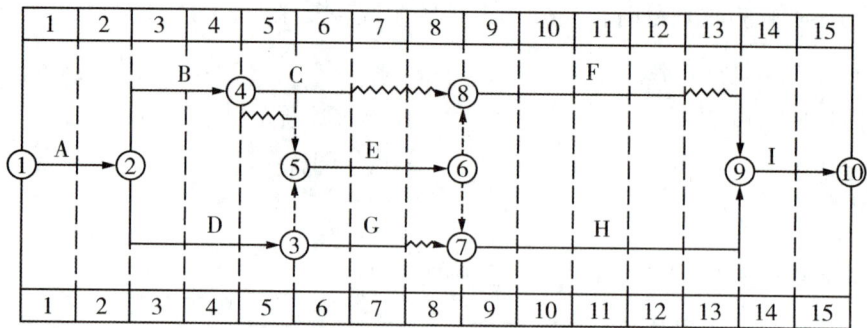

图2-1-1　室内装饰装修工程进度计划网络图（单位：周）

在室内装饰装修工程施工过程中，因建设单位设计变更导致工作C延误了35天。施工总承包单位以设计变更影响进度为由，在规定时限内向项目监理机构提出工期索赔的要求，同时对原进度计划的起止时间进行了调整。

【问题】

1. 分别指出背景资料中专项施工方案编制、审批程序的不妥之处，并写出正确做法。

2. 分别指出室内卫生间防水工程施工及质量控制的不妥之处，并写出正确做法。

3. 针对原进度计划网络图，写出其计算工期、关键线路（用工作表示），分别计算工作B与工作G的总时差和自由时差（单位：周）。

4. 施工总承包单位可以索赔多少天的工期？施工进度计划的调整内容还有哪些？

案例二

【背景资料】

某办公楼工程，钢筋混凝土框架结构，地下1层，地上8层，层高4.5 m。工程桩采用泥浆护壁钻孔灌注桩，墙体采用普通混凝土小砌块，工程外脚手架采用双排落地扣件式钢管脚手架。位于办公楼顶层的会议室，其框架柱间距为8 m×8 m，顶板的设计混凝土强度为C30。项目部按照绿色施工要求，收集现场施工废水循环利用。

灌注桩施工期间，项目部完成灌注桩的泥浆循环清孔工作后，随即放置钢筋笼和钢导管并进行桩身混凝土灌注，混凝土浇筑至桩顶设计标高。

会议室顶板底模支撑拆除前，试验员从标准养护室取一组混凝土试件进行抗压试验，试验强度达到24 MPa，项目部据此开始拆模。

主体结构砌体子分部施工期间，因工期紧，砌块生产7天后运往工地进行砌筑。为保证施工顺利，砌筑砂浆在砌筑前提前5小时拌制完成。墙体一次砌筑至梁底以下200 mm位置，留待14天后砌筑顶紧。监理工程师进行现场巡视后责令停工整改。

某次施工总承包单位对项目部进行专项安全检查时发现：①基坑工程检查评分表内的保证项目仅检查了"施工方案""基坑支护""降排水""基坑开挖"；②外架立面剪刀撑间距为12 m，由底至顶连续设置；③电梯井口处设置活动的防护栅门，电梯井内每隔四层设置一道安全平网进行防护。检查组下达了整改通知单。

【问题】

1. 分别指出灌注桩施工期间的不妥之处，并写出正确做法。

2. 会议室顶板底模支撑拆除过程中，项目部的做法是否正确？说明理由。模板工程设计的主要原则是什么？

3. 分别指出主体结构砌体子分部施工期间的不妥之处，并写出相应的正确做法。

4. 基坑工程检查评分表的保证项目还应检查哪些？写出施工现场安全设置需整改项目的正确做法。

案例三

【背景资料】

某新建办公楼工程，总建筑面积为18600 m²，地下2层，地上4层，层高4.5 m，筏板基础板厚3.0 m，钢筋混凝土框架结构。

工程开工前，施工单位按规定向项目监理机构报审施工组织设计。监理工程师审核时，发现"施工部署"部分仅有"工程目标""重点和难点分析"两项内容，认为该部分内容缺项较多，要求补充。

底板混凝土浇筑时当地最高大气温度为35℃，混凝土最高入模温度为40℃；混凝土浇筑完毕后，终凝前加以覆盖一层塑料膜一层保温草帘保湿保温养护7 d。养护期间测温度记录显示：混凝土内部最高温度为75℃，且表面最高温度为45℃。监理工程师检查中发现底板表面混凝土有裂缝。

工程竣工前，在监理工程师见证下，由施工单位项目负责人组织实施结构实体检验。

工程竣工验收后，建设单位指令勘察、设计、施工、监理等参建单位将工程建设档案资料进行汇总，施工单位的竣工图均加盖了竣工图章，其内容仅有"竣工图"字样、施工单位、编制人。建设单位认为不妥，要求整改。

【问题】

1. 施工部署的内容还有哪些？

2. 底板混凝土浇筑过程中有哪些施工过程不符合规范要求，使得基础底板产生裂缝？正确做法应该是什么？

3. 结构实体检验过程是否妥当？说明理由。结构实体检验应包括哪些内容？结构实体检验的部位有哪些？

4. 竣工图章的基本内容还应包括哪些？

案例四

【背景资料】

某建设单位投资兴建住宅楼，建筑面积为12000 m²，钢筋混凝土框架结构，地下1层，地上7层，土方开挖范围内有局部滞水层。经公开招投标，某施工总承包单位中标。双方根据《建设工程施工合同（示范文本）》签订施工承包合同。合同工期为10个月，质量目标为合格。

施工单位对中标的工程造价进行了分析，费用构成情况如下：人工费390万元，材料费2100万元，机械费210万元，管理费150万元，措施项目费160万元，安全文明施工费45万元，暂列金额55万元，利润120万元，规费90万元，税金费率为3.41%。

施工过程中，建设行政主管部门对建设单位、监理单位的现场管理进行了施工现场综合考评。

土方工程施工前，根据土方量等因素，进行土方平衡和合理调配，确定土方机械的作业线路、运输车辆的行走路线、弃土地点。

施工单位按照成本管理工作要求，有条不紊地开展成本预测、成本计划、成本分析、成本核算等一系列管理工作。

【问题】

1. 按照费用构成要素划分，该工程的中标造价是多少万元？（计算结果保留两位小数）根据工程项目的不同建设阶段，建筑工程造价可以分为哪几类？

2. 施工现场综合考评还包括哪些内容？

3. 请补充施工单位在土方平衡等工作开展时需考虑的因素。

4. 施工单位还应进行哪些成本管理工作？成本计划编制的内容是什么？

通关必做卷二（进阶阶段测试）

试卷总分：120分

一、单项选择题（共20题，每题1分。每题的备选项中，只有1项最符合题目要求）

1. 超高层民用建筑应设置避难层（间），有人员正常活动的架空层及避难层的净高不
   应低于（   ）。

   A.1.5 m   B.2 m

   C.2.5 m   D.4 m

2. 下列特性中，不属于白炽灯优点的是（   ）。

   A.体积小   B.价格便宜

   C.寿命长   D.构造简单

3. 在室内增加隔墙属于增加了（   ）。

   A.点荷载   B.线荷载

   C.集中荷载   D.均布面荷载

4. 下列选项中，不属于钢结构优点的是（   ）。

   A.耐火性好   B.自重轻

   C.抗震性能好   D.施工工期短

5. 关于建筑钢材的力学性能，下列说法错误的是（   ）。

   A.钢材的冲击性能随温度的下降而减小

   B.钢材的疲劳破坏是在低应力状态下突然发生的

   C.在负温下使用的结构，应选用脆性临界温度较使用温度为低的钢材

   D.抗拉强度是结构设计中钢材强度的取值依据

6. 下列材料中，属于水硬性胶凝材料的是（   ）。

   A.石灰   B.水泥

   C.水玻璃   D.石膏

7. 关于影响保温材料导热系数的因素，下列说法正确的是（   ）。

   A.材料吸湿受潮后，导热系数就会增大

   B.金属的导热系数最大，保温性能最好

   C.表观密度小的材料，导热系数大

D.当热流平行于纤维方向时，保温性能发挥最好

8. 标高的竖向传递，高层建筑宜从（　　　）处分别向上传递。

A.1　　　　　　　　　　　　　B.2

C.3　　　　　　　　　　　　　D.4

9. 大体积混凝土采用分层浇筑混凝土，应在前层混凝土（　　　）将次层混凝土浇筑完毕。

A.初凝前　　　　　　　　　　　B.初凝后

C.终凝前　　　　　　　　　　　D.终凝后

10. 某跨度为2 m的板，设计混凝土强度等级为C20，拆除底模时其同条件养护的标准立方体试块的抗压强度标准值应至少达到（　　　）。

A.5 N/mm^2　　　　　　　　　　B.10 N/mm^2

C.15 N/mm^2　　　　　　　　　D.20 N/mm^2

11. 下列焊接方式中，现场梁主筋不宜采用的是（　　　）。

A.闪光对焊　　　　　　　　　　B.帮条焊

C.搭接焊　　　　　　　　　　　D.电渣压力焊

12. 关于泵送混凝土施工的说法，错误的是（　　　）。

A.入泵坍落度不宜低于120 mm

B.输送管线宜直，转弯宜缓

C.混凝土泵应尽可能靠近浇筑地点

D.混凝土泵可以将混凝土一次输送到浇筑地点

13. 钢结构焊接产生热裂纹的主要原因不包括（　　　）。

A.母材抗裂性能差　　　　　　　B.焊接材料质量不好

C.焊接内应力过大　　　　　　　D.焊前未预热、焊后冷却快

14. 关于建筑幕墙防火构造要求，下列说法正确的是（　　　）。

A.每道防火封堵的厚度不应小于100 mm

B.同一幕墙玻璃单元不宜跨越两个防火分区

C.承托板与主体结构之间的缝隙采用耐候密封胶密封

D.防火层应采用厚度不小于1.2 mm的镀锌钢板承托

15. 关于民用建筑工程室内环境质量验收的说法，错误的是（　　　）。

通关必做卷二（进阶阶段测试）

A.当房间使用面积大于等于100 m²且小于500 m²时，检测点不少于3个

B.环境污染物浓度现场检测点距内墙面应不小于0.5 m

C.房间内有2个及以上检测点时，取各点检测结果的平均值作为该房间的检测值

D.环境污染物浓度现场检测点距楼地面高度应不小于1.5 m

16.下列不属于超过一定规模的危险性较大的分部分项工程范围的是（ ）。

A.施工总荷载在15 kN/m²及以上的混凝土模板支撑工程

B.施工高度50 m及以上的建筑幕墙安装工程

C.跨度36 m及以上的钢结构安装工程

D.跨度50 m及以上的网架和索膜结构安装工程

17.根据《混凝土结构工程施工质量验收规范》，预应力混凝土结构中，严禁使用（ ）。

A.减水剂
B.膨胀剂

C.速凝剂
D.含氯化物的外加剂

18.地上建筑的水平疏散走道和安全出口的门厅，其顶棚的装修材料燃烧等级不得低于（ ）。

A.A级
B.B1级
C.B2级
D.B3级

19.提高混凝土的抗渗性和抗冻性的关键是（ ）。

A.选用合理砂率
B.增大水灰比

C.提高密实度
D.增加骨料用量

20.民用建筑工程室内用水性涂料和水性腻子，应测定游离甲醛的含量，其限量不得超过（ ）mg/kg。

A.50
B.100
C.200
D.300

二、多项选择题（共10题，每题2分。每题的备选项中，有2个或2个以上符合题意，至少有1个错项。错选，本题不得分；少选，所选的每个选项得0.5分）

21.建筑构造的影响因素有（ ）。

A.环境因素
B.人文因素

C.荷载因素
D.建筑标准

E.技术因素

22.关于简支梁中部最大位移的说法，正确的有（ ）。

A.跨度越大，位移越大

B.截面的惯性矩越大，位移越小

C.截面积越大，位移越小

D.材料弹性模量越大，位移越大

E.外荷载越大，位移越大

23.关于热轧带肋钢筋，下列说法正确的有（　　　）。

A.HRB400E以C4表示

B.厂名以汉语拼音字头表示

C.公称直径毫米数以阿拉伯数字表示

D.HRB400以4表示

E.热轧带肋钢筋应在其表面轧上商标

24.普通水泥的主要特性有（　　　）。

A.水化热小　　　　　　　　　B.早期强度较高

C.抗冻性较好　　　　　　　　D.耐热性差

E.干缩性较小

25.关于屋面卷材防水施工要求的说法，正确的有（　　　）。

A.先施工细部，再施工大面

B.平行屋脊的搭接缝应顺水流方向

C.大坡面铺贴应采用满粘法

D.上下两层卷材垂直铺贴

E.上下两层卷材长边搭接缝错开

26.进场的纤维保温材料应检验的项目有（　　　）。

A.导热系数　　　　　　　　　B.燃烧性能

C.压缩强度　　　　　　　　　D.表观密度

E.粘结强度

27.现场临时用水包括（　　　）。

A.生活用水　　　　　　　　　B.生产用水

C.基坑降水　　　　　　　　　D.消防用水

E.机械用水

28. 施工质量验收应根据（　　）划分检验批。

A.工程量

B.工种

C.楼层

D.施工段

E.施工工艺

29. 根据室内环境污染控制的规定，属于Ⅰ类民用建筑工程的有（　　）。

A.办公楼

B.餐厅

C.幼儿园

D.学校教室

E.住宅

30. 在下列施工现场的场所中，可以使用36 V电压照明的有（　　）。

A.人防工程

B.潮湿场所

C.金属容器内

D.有导电灰尘的环境

E.导电良好的地面

三、实务操作和案例分析题（共4题，每题20分）

案例一

【背景资料】

某施工单位通过招投标与某办公大楼业主签订施工合同，合同工期为219天，合同约定：工期每延误1天罚款1万元，每提前1天奖励2万元。承包商编制的单位工程施工组织设计中的网络进度计划如图2-2-1所示，并经监理机构批准。

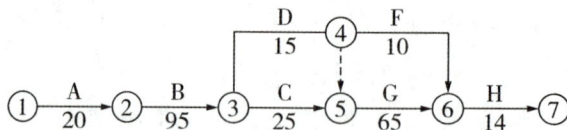

图2-2-1　网络进度计划图（单位：天）

工作A在施工期间遇到不明管线电缆致使工作A延误5天，直接损失5万元。工作D在施工期间遇上了罕见大暴雨，材料晚到场1周，人员窝工费3万元（按200元/工日计算）。由于设计变更使工作C工程量增加导致工作C作业时间增加2天，多用20个工日（按500元/工日计算）。针对上述事件，施工单位提出了工期和费用的索赔。

施工过程中，项目部对工作完成情况进行了检查，并及时将进度延误情况上报建设单位。建设单位要求项目部采取赶工措施，施工单位拟将工作H的流水施工进行优化，可能的方案有两种：方案一为Ⅰ、Ⅱ、Ⅲ，方案二为Ⅱ、Ⅰ、Ⅲ。各工作的流水节拍及施工段如表2-2-1所示（单位：天）。其余各项工作均与原计划相同。

表2-2-1　流水节拍表

		施工过程		
		a	b	c
施工段	Ⅰ	2	3	1
	Ⅱ	1	3	1
	Ⅲ	3	4	2

项目技术负责人编制了变更后的施工进度计划，报项目经理审核。项目经理提出：该施工进度计划仅对工作关系和起止时间进行了调整，工期优化效果不明显，要求技术负责人对施工进度计划进一步优化后重新上报。

【问题】

1. 分别判断上述各事件中索赔是否成立，并说明理由。

2. 选择工期优化对象应考虑的因素包括哪些？

3. H工作应选用哪个优化方案？绘制优化方案的横道图。

4. 综合考虑上述所有事件，实际工期为多少天？工期奖罚多少万元？可获得费用索赔多少万元？

5. 施工进度计划可调整的内容还有哪些？

案例二

【背景资料】

某施工单位中标一新建写字楼工程，钢筋混凝土框架–剪力墙结构，地下2层，地上26层，层高4.5 m，框架柱间距10 m，采用预拌混凝土。工程桩采用泥浆护壁钻孔灌注桩，桩径1200 mm，桩长35 m。

项目部进场后，在泥浆护壁灌注桩作业交底会上，重点强调钢筋笼制作、安装以及水下混凝土浇筑的注意事项，要求加劲箍宜设在主筋内侧，环形箍筋与主筋连接采用绑扎连接，钢筋笼起吊吊点宜设置在环形箍筋部位。桩身混凝土灌注时，第一次浇筑混凝土必须保证底端能埋入混凝土中0.5 m以上。

首层混凝土浇筑之前，监理工程师进行了钢筋隐蔽验收，发现钢筋接头位置设置在受力较大处；板、次梁与主梁交叉处，主梁的钢筋在上，次梁的钢筋居中，板的钢筋在下等诸多问题，责令整改后重新报验。

浇筑过程中，现场对粗骨料的最大粒径进行了检测，检测结果为32 mm，采用内径不小于125 mm的输送泵管进行混凝土浇筑，混凝土的自由倾落高度为3 m。

在门窗节能分项工程验收时，由项目技术负责人组织邀请了监理工程师、设计节能专业人员一起参加。建筑节能分部工程验收时，由施工单位项目经理组织、施工单位质量负责人以及相关专业的负责人、质量检查员、施工员参加。总监理工程师认为该验收组织及参加人员均不满足规定，要求重新组织验收。

【问题】

1. 针对工程桩施工过程中的不妥之处，写出正确做法。

2. 针对钢筋隐蔽验收中的不妥之处，写出正确做法。混凝土浇筑前，现场应先检查验收的工作有哪些？

3. 输送泵管的内径是否满足要求？说明理由。当混凝土的自由倾落高度不能满足时，应加设哪些装置？

4. 针对门窗节能分项工程验收中的不妥之处，写出正确做法。节能分部工程验收的组织人员应该是谁？参加节能分部工程验收的人员还应有哪些？

案例三

【背景资料】

某商业广场工程，建筑面积为24500 m²，地上6层，地下2层，基础埋深8 m，基础桩为泥浆护壁钻孔灌注桩，上部结构为现浇混凝土框架结构。该商业广场处于闹市区且地质条件较差，基坑周围地下管线复杂。基坑支护采用支撑式支护结构。结构施工垂直运输机械为塔式起重机。

现场打桩作业前，施工单位编制了打桩机械专项施工方案。现场打桩作业时，打桩机附近约8 m处有一排高压电线。在钻孔过程中刮起六级大风，施工人员立即停止作业，将打桩机垂直风向停置，并设置了缆风绳。

基坑开挖过程中，出现了渗水现象，项目部及时采取了坑底设排水沟和引流补救措施，效果不佳，监理单位要求增加处理措施。

在首层模板工程施工中，由于立杆间距过大，导致钢管支架整体失稳，造成3人死亡，8人重伤，直接经济损失800多万元。

主体结构施工期间，项目部进行塔式起重机安全专项检查，对该项目塔吊的多塔作业、保护装置、安拆、验收与使用等保证项目进行了全面检查，均符合要求。

现场塔式起重机吊运模板时，一次的吊运载荷达到了额定载荷的95%，拴拉溜绳后，塔吊司机直接起吊，监理发现后，勒令停止吊运工作。

【问题】

1. 指出现场打桩作业的错误之处，并写出正确做法。编写打桩机械专项施工方案的依据主要包括哪些？

2. 对于基坑的渗水现象，项目部还可以采取哪些处理措施？

3. 基坑周围管线保护应急措施一般包括哪些？

4. 请判断本次安全事故的等级。影响模板钢管支架整体稳定性的主要因素还有哪些？

5. 塔式起重机检查评定的保证项目还有哪些？针对塔吊吊运时的不妥之处，写出正确做法。

案例四

【背景资料】

某建设单位投资兴建群体住宅楼，采用工程量清单计价。招标文件规定：自招标文件发出之日起15天后投标截止。在投标期限内，先后有A、B、C三家单位对招标文件提出了疑问，建设单位以一对一的形式书面进行了答复；投标人应考虑国家政策变化引起的风险。招标公告发布后，招标人实时对招标控制价进行调整，最终确定了中标单位A。A施工单位经合约、法务等部门认真审核相关条款，确保待签合同与招标文件、投标文件的一致性，并上报相关领导同意后，与建设单位签订了工程施工总承包合同。

单位A根据《建设工程施工合同（示范文本）》与建设单位签订总承包施工合同，合同约定工程造价为14250万元。

项目部对幕墙工程的中标造价进行了分析，费用构成情况如下：人工费390万元，材料费2100万元，机械费210万元，管理费150万元，措施项目费160万元，安全文明施工费45万元，暂列金额55万元，利润120万元，规费90万元。

合同工程量清单报价中写明：挖土方工程量为20000 m^3。施工单位投标时，根据《建设工程工程量清单计价规范》，定额子目工程量为35000 m^3，挖土方定额人工费7元/m^3，材料费1元/m^3，机械使用费2元/m^3，管理费费率14%，利润率8%，不考虑其他因素。

合同中约定，根据人工费和四项主要材料的价格指数对总造价按调值公式法进行调整。各调值因素的比重、基准和现行价格指数如表2-2-2所示。

表2-2-2 各调值因素的比重基准和现行价格指数表

可调项目	人工费	材料一	材料二	材料三	材料四
因素比重	0.15	0.30	0.12	0.15	0.08
基期价格指数	0.99	1.01	0.99	0.96	0.78
现行价格指数	1.12	1.16	0.85	0.80	1.05

【问题】

1. 针对招投标过程中的不妥之处，分别说明理由。保持待签合同与招标文件、投标文件的一致性，这种一致性包含了哪些实质性内容？

2. 幕墙工程的直接成本、间接成本、施工成本各是多少万元？工程清单计价具有强制性，其对哪些方面做出了强制性规定？

3. 请写出投标报价编制的依据。挖土方工程的综合单价为多少？（单位：元/m³，精确到小数点后2位）

4. 列式计算经调整后的实际计算价款应为多少万元？（计算结果精确到小数点后2位）

通关必做卷三（冲刺阶段测试）

试卷总分：120分

一、单项选择题（共20题，每题1分。每题的备选项中，只有1项最符合题目要求）

1. 下列场所的栏杆可以不采用防止攀登的构造的是（　　）。

    A.住宅   B.托儿所

    C.医院病房楼   D.幼儿园

2. 间接作用不包括（　　）。

    A.温度作用   B.预加应力

    C.混凝土收缩   D.徐变

3. 根据《混凝土结构耐久性设计标准》，冻融环境的劣化机理为（　　）。

    A.正常大气作用引起钢筋锈蚀

    B.氯盐侵入引起钢筋锈蚀

    C.反复冻融导致混凝土损伤

    D.硫酸盐等化学物质对混凝土的腐蚀

4. 下列指标中，属于常用水泥技术指标的是（　　）。

    A.和易性   B.可泵性

    C.安定性   D.保水性

5. 防火涂料涂装施工通常采用（　　）方法施涂。

    A.刷涂   B.喷涂

    C.滚涂   D.抹涂

6. 砌筑砂浆配合比应通过有资质的实验室，根据现场实际情况试配确定，可以不满足（　　）的要求。

    A.稠度   B.分层度

    C.抗压强度   D.抗拔强度

7. 关于钢筋下料长度计算的说法，正确的是（　　）。

    A.直钢筋下料长度＝构件长度—保护层厚度—弯钩增加长度

    B.弯起钢筋下料长度＝直段长度＋斜段长度—弯曲调整值

    C.箍筋下料长度＝箍筋周长—箍筋调整值

D.箍筋周长＝箍筋下料长度－箍筋调整值

8. 适用于现浇钢筋混凝土结构中竖向或斜向（倾斜度在4∶1范围内）钢筋连接的是（　　）。

A.闪光对焊　　　　　　　　　　　B.电渣压力焊

C.电弧焊　　　　　　　　　　　　D.埋弧压力焊

9. 砂浆应采用机械搅拌，水泥粉煤灰砂浆的搅拌时间自投料完算起不得少于（　　）。

A.60 s　　　　　　　　　　　　　B.120 s

C.180 s　　　　　　　　　　　　 D.210 s

10. 吊顶工程中，当吊杆长度大于1.5 m时，应（　　）。

A.增设吊杆　　　　　　　　　　　B.加大吊杆直径

C.设置反支撑　　　　　　　　　　D.设置钢结构转换层

11. 单位工程完工后，施工单位应在自行检查评定合格的基础上，向（　　）提交预验收申请。

A.监理单位　　　　　　　　　　　B.设计单位

C.建设单位　　　　　　　　　　　D.工程质量监督站

12. 按地上高度和层数分类，地上10层，层高3.3 m的住宅属于（　　）。

A.低层住宅　　　　　　　　　　　B.多层住宅

C.中高层住宅　　　　　　　　　　D.高层住宅

13. 下列金属窗框安装做法中，正确的是（　　）。

A.采用预留洞口后安装的方法施工

B.采用边安装边砌口的方法施工

C.采用先安装后砌口的方法施工

D.采用射钉固定于砌体上的方法施工

14. 以下不属于屋面节能工程隐蔽验收项目的是（　　）。

A.板材缝隙填充质量　　　　　　　B.保温材料的燃烧性能

C.隔汽层　　　　　　　　　　　　D.屋面热桥部位处理

15. 投标人撤回已提交的投标文件，应当在投标截止时间前书面通知招标人。招标人已收取投标保证金的，应当自收到投标人书面撤回通知之日起（ ）天内退还。

    A.3   B.5   C.7   D.14

16. 关于某建筑工程（高度为28 m）施工现场临时用水的说法，正确的是（ ）。

    A.现场临时用水仅包括生产用水、机械用水和消防用水三部分

    B.自行设计的消防用水系统，其临时室外消防给水干管直径应不小于DN100

    C.临时消防竖管管径不得小于100 mm

    D.临时消防竖管可兼作施工用水管线

17. 下列标牌类型中，不属于施工现场安全警示牌的是（ ）。

    A.禁止标志   B.警告标志

    C.指令标志   D.指示标志

18. 向当地城建档案管理部门移交工程档案的责任单位是（ ）。

    A.建设单位   B.监理单位

    C.施工单位   D.分包单位

19. 关于装配式混凝土结构工程施工的说法，正确的是（ ）。

    A.套筒灌浆的浆料应在45 min内使用完毕

    B.预制外墙板宜采用立式堆放，外饰面层应朝内

    C.预制水平类构件可采用水平叠放的方式

    D.吊索水平夹角不应小于30°

20. 关于施工缝处继续浇筑混凝土的说法，正确的是（ ）。

    A.已浇筑的混凝土，其抗压强度不应小于1.0 N/mm^2

    B.清除硬化混凝土表面水泥薄膜和松动石子以及软弱混凝土层

    C.硬化混凝土表面干燥

    D.浇筑混凝土前，宜先在施工缝铺一层1:3水泥砂浆

二、多项选择题（共10题，每题2分。每题的备选项中，有2个或2个以上符合题意，至少有1个错项。错选，本题不得分；少选，所选的每个选项得0.5分）

21. 下列关于主体结构混凝土工程施工缝留置位置的说法，正确的有（ ）。

    A.有主次梁的楼板，应留设在主梁跨度中间的1/3范围内

    B.墙的垂直施工缝可留设在纵横交接处

C.楼梯梯段施工缝宜设置在梯段板跨度端部的1/3范围内

D.墙的垂直施工缝宜设置在门洞口过梁跨中1/3范围内

E.单向板施工缝应留设在平行于板长边的任何位置

22.关于混凝土条形基础施工的说法，正确的有（　　）。

A.宜分段分层连续浇筑

B.一般不留施工缝

C.各段层间应相互衔接

D.每段浇筑长度应控制在2~3 m

E.不宜逐段逐层呈阶梯形向前推进

23.对于跨度8 m的钢筋混凝土简支梁，当设计无要求时，其梁底木模板跨中可采用的起拱高度有（　　）。

A.5 mm
B.10 mm
C.15 mm
D.20 mm
E.25 mm

24.关于钢筋混凝土工程雨期施工的说法，正确的有（　　）。

A.对粗、细骨料应采取防水和防潮措施

B.对水泥和掺合料含水率应实时监测

C.浇筑板、墙、柱混凝土时，可适当减小坍落度

D.应选用具有防雨水冲刷性能的模板脱模剂

E.钢筋焊接接头可采用雨水急速降温

25.下列影响扣件式钢管脚手架整体稳定性的因素中，属于主要影响因素的有（　　）。

A.立杆间距
B.水平杆的步距
C.底座的设置
D.抛撑的角度
E.脚手板的种类

26.下列垂直运输机械的安全控制做法中，正确的有（　　）。

A.高度19 m的物料提升机采用1组缆风绳

B.在外用电梯底笼周围2.0 m范围内设置牢固的防护栏杆

C.塔吊基础的设计计算作为固定式塔吊专项施工方案内容之一

D.现场多塔作业时，塔机间保持安全距离

E.遇六级及以上大风恶劣天气时，塔吊停止作业，并将吊钩放下

27.根据《建筑施工安全检查标准》，建筑施工安全检查评定的等级有（　　　）。

A.优秀 　　　　　　　　　　　B.优良

C.良好 　　　　　　　　　　　D.合格

E.不合格

28.工程竣工文件包括（　　　）。

A.竣工验收文件 　　　　　　　B.竣工结算文件

C.竣工决算文件 　　　　　　　D.竣工交档文件

E.竣工总结文件

29.下列时间段中，全过程均属于夜间施工时段的有（　　　）。

A.20：00～次日4：00 　　　　B.21：00～次日5：00

C.22：00～次日4：00 　　　　D.23：00～次日6：00

E.22：00～次日6：00

30.下列分部分项工程中，其专项方案必须进行专家论证的有（　　　）。

A.开挖深度15 m的人工挖孔桩工程

B.爬模工程

C.施工高度60 m的建筑幕墙安装工程

D.水下作业工程

E.装配式建筑混凝土预制构件安装工程

三、实务操作和案例分析题（共4题，每题20分）

案例一

【背景资料】

某房屋建筑工程，建筑面积为6800 m²，钢筋混凝土框架结构，外墙外保温节能体系。根据《建设工程施工合同（示范文本）》和《建设工程监理合同（示范文本）》，建设单位分别与中标的施工单位和监理单位签订了施工合同和监理合同。

工程开工前，施工单位的项目技术负责人主持编制了单位工程施工组织设计，经项目负责人审核、施工单位技术负责人审批后，报项目监理机构审查。监理工程师认

为该单位工程施工组织设计的编制、审核（批）手续不妥，要求改正；同时，要求补充建筑节能工程施工的内容。施工单位认为，在建筑节能工程施工前还要编制、报审建筑节能工程施工技术专项方案，单位工程施工组织设计中没有建筑节能的工程施工内容并无不妥，不必补充。

建筑节能工程施工前，施工单位上报了建筑节能工程施工技术专项方案，其中包括如下内容：

（1）考虑到冬期施工气温较低，规定外墙外保温层只在每日气温高于5℃的11：00～17：00之间进行施工，其他气温低于5℃的时段均不施工；

（2）工程竣工验收后，施工单位项目经理组织建筑节能分部工程验收。

施工单位提交了室内装饰装修工程进度计划网络图（如图2-3-1），经监理工程师确认后按此组织施工。

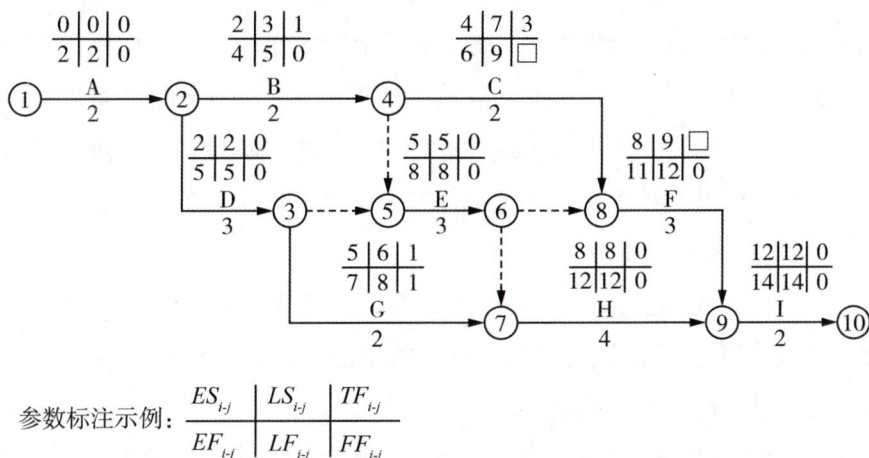

参数标注示例：$\dfrac{ES_{i-j} \mid LS_{i-j} \mid TF_{i-j}}{EF_{i-j} \mid LF_{i-j} \mid FF_{i-j}}$

图2-3-1 室内装饰装修工程进度计划网络图（单位：周）

在室内装饰装修工程施工过程中，因设计变更导致工作C的持续时间变为36 d。施工单位在规定时限内提出工期索赔。

【问题】

1. 分别指出施工组织设计编制、审批程序的不妥之处，并写出正确做法。施工单位关于建筑节能工程的说法是否正确？说明理由。

2. 分别指出建筑节能工程施工安排的不妥之处，并说明理由。

3. 指出室内装饰装修工程进度计划网络图上已标注参数的错误之处，计算图中的缺项，并确定该网络图的计算工期（单位：周）和关键线路（用工作表示）。

4. 施工单位提出的工期索赔是否成立？若不成立，请说明理由。若成立，请计算合理索赔天数。

案例二

【背景资料】

某新建工业厂区，地处大山脚下，总建筑面积为16000 m²。其中包含一幢6层办公楼工程，摩擦型预应力管桩，钢筋混凝土框架结构。

拟采用预应力管桩锤击沉桩施工，施工程序有确定桩位和沉桩顺序、桩机就位、吊桩喂桩、校正、锤击沉桩、接桩等。在施工过程中，某一根管桩在桩端标高接近设计标高时难以下沉；此时，贯入度已达到设计要求，施工单位认为该桩承载力已经能够满足设计要求，提出终止沉桩。经组织勘察、设计、施工等各方参建人员和专家会商后同意终止沉桩，总监理工程师签字认可。

在施工现场检查时检查人员发现：临时木工加工棚面积约90 m²，配置了2只灭火器；为了环境美观，灭火器放置在不显眼的角落处；现场消防车道的宽度达到了3.5 m。检查人员对上述情况要求整改。

办公楼一楼大厅支模高度为9 m，施工单位编制了模架施工专项方案并经审批后，及时进行专项方案专家论证。论证会由总监理工程师组织，在行业协会专家库中抽出5名专家，其中1名专家是该工程设计单位的总工程师。建设单位没有参加论证会。

监理工程师对现场安全文明施工进行检查时，发现存在部分工人安全防护不到位、施工单位未建立完善的安全检查制度等问题，监理工程师要求施工单位进行整改。

【问题】

1. 总监理工程师同意终止沉桩是否正确？请补全预应力管桩的施工程序。

2. 施工现场检查中发现有哪些不妥之处？分别写出正确做法。

3. 分别指出专家论证中的错误做法，并说明理由。

4. 工程施工安全防护"三宝"包括哪些？事故隐患整改的"三定"原则包括哪些？

案例三

【背景资料】

某新建办公楼，地下1层，筏板基础，地上12层，框架-剪力墙结构。筏板基础混凝土强度等级C30，抗渗等级P6，总方量为1980 m^3，由某商品混凝土搅拌站供应，一次性连续浇筑。在施工现场内设置了钢筋加工区。

由于建设单位提供的高程基准点A点（高程 H_A 为75.141 m）离基坑较远，项目技术负责人要求将高程控制点引测至临近基坑的B点。技术人员在两点间架设水准仪，A点立尺读数 a 为1.441 m，B点立尺读数 b 为3.521 m。

钎探过程中遇见软弱下卧层，施工单位召开会议，决定采取灌浆补强并立即组织实施。灌浆后，项目经理组织现场监理进行基坑验槽，并形成验槽记录。

在筏板基础混凝土浇筑期间，试验人员随机选择了一辆处于等候状态的混凝土运输车放料取样，并留置了标准养护抗压试件（一组3块）和标准养护抗渗试件（一组3块）。

框架柱箍筋采用$\oplus$8@100/150（初始长度为100 m）冷拉调直后制作，经测算，其中KZ1的箍筋每套下料长度为2350 mm。

【问题】

1. B点高程是多少？结构施工测量的主要内容有哪些？

2. 针对基坑验槽过程中施工单位的错误之处，分别写出相应的正确做法。基坑验槽重点观察的部位有哪些？

3. 分别指出筏板基础混凝土浇筑期间的不妥之处，并写出正确做法。本工程筏板基础混凝土应至少留置多少组标准养护抗压试件？

4. 在不考虑加工损耗和偏差的前提下，列式计算该钢筋经冷拉调直后，最多能加工多少套KZ1的柱箍筋？

案例四

【背景资料】

某建设单位投资兴建一大型商场，地下2层，地上9层，钢筋混凝土框架结构，建筑面积为71500 m²。经过公开招标，某施工单位中标，中标造价为25025.00万元。双方按照《建设工程施工合同（示范文本）》签订了施工总承包合同。合同中约定工程预付款比例为10%，并从未完施工工程尚需的主要材料款相当于工程预付款时起扣，主要材料所占比重按60%计。

施工总承包单位为加快施工进度，土方采用机械一次开挖至设计标高；租赁了30辆特种渣土运输汽车外运土方，在城市道路路面遗撒了大量渣土；用于垫层的2：8灰土提前2天搅拌好备用。

中标造价费用组成：人工费3000万元，材料费17505万元，机械费995万元，管理费450万元，措施费用760万元，利润940万元，规费525万元，税金850万元。

在基坑施工过程中，发现古化石，造成停工2个月。施工总承包单位提出了索赔报告，索赔工期2个月，索赔费用34.55万元。索赔费用经项目监理机构核实：人员窝工费18万元，机械租赁费3万元，管理费2万元，保函手续费0.1万元，资金利息0.3万元，利润0.69万元，专业分包停工损失费9万元，规费0.47万元，税金0.99万元。

该工程完工后，建设单位指令施工单位组织相关人员进行竣工预验收，并要求总监理工程师在预验收通过后立即组织参建各方相关人员进行竣工验收。建设行政主管部门提出验收组织安排有误，责令建设单位予以更正。

【问题】

1. 分别列式计算：本工程项目预付款和预付款的起扣点是多少万元（计算结果保留两位小数）？预付款的主要用途有哪些？

2. 分别指出赶工过程中施工单位做法的错误之处，并说明正确做法。

3. 列式计算建设单位应该支付的索赔费用是多少万元？（计算结果保留两位小数）

4. 针对完工后建设行政主管部门责令改正的验收组织错误，本工程的竣工预验收应由谁来组织？施工单位哪些人必须参加？本工程的竣工验收应由谁来组织？

第三部分

参考答案及解析

参考答案及解析

夯实基础

第1章 建筑工程设计与构造要求

1.1 建筑设计构造要求

一、单项选择题

1.【参考答案】C

【学天解析】民用建筑按地上高度和层数分类如下：

（1）单层或多层民用建筑：建筑高度不大于27.0 m的住宅建筑、建筑高度不大于24.0 m的公共建筑及建筑高度大于24.0 m的单层公共建筑。

（2）高层民用建筑：建筑高度大于27.0 m的住宅建筑和建筑高度大于24.0 m且不大于100.0 m的非单层公共建筑。

（3）超高层建筑：建筑高度大于100 m的民用建筑。

2.【参考答案】C

【学天解析】结构体系包含上部结构：墙、柱、梁、屋顶；地下结构：基础。

3.【参考答案】D

【学天解析】实行建筑高度控制区内建筑高度，其建筑高度应以绝对海拔高度控制建筑物室外地面至建筑物和构筑物最高点的高度。则该房屋的建筑高度为21.300－（－0.300）＝21.600 m。

4.【参考答案】B

【学天解析】阳台、外廊、室内回廊、内天井、上人屋面及室外楼梯等临空处应设置防护栏杆。临空高度在24 m以下时，栏杆高度不应低于1.05 m；临空高度在24 m及以上时，栏杆高度不应低于1.10 m。

5.【参考答案】D

【学天解析】砌筑墙体应在室外地面以上、位于室内地面垫层处设置连续的水平防潮层；室内相邻地面有高差时，应在高差处墙身贴临土壤一侧加设防潮层；室内墙面有防潮要求时，其迎水面一侧应设防潮层；室内墙面有防水要求时，其迎水面一侧应设防水层。

6.【参考答案】C

【学天解析】建筑物的高度相同，其平面形式为圆形时体形系数最小，其次为正方形、长方形以及其他组合形式。体形系数越大，耗热量比值也越大。

知识延伸：严寒、寒冷地区的公共建筑的体形系数应不大于0.40。

7.【参考答案】B

【学天解析】抗震设防的各类建筑与市政工程，均应根据其遭受地震破坏后可能造成的人员伤亡、经济损失、社会影响程度及其在抗震救灾中的作用等因素划分为甲、乙、丙、丁四个抗震设防类别。

甲 类	特殊 设防类	指使用上有特殊要求的设施，涉及国家公共安全的重大建筑与市政工程，地震时可能发生严重次生灾害等特别重大灾害后果，需要进行特殊设防的建筑与市政工程
乙 类	重点 设防类	指地震时使用功能不能中断或需尽快恢复的生命线相关建筑与市政工程，以及地震时可能导致大量人员伤亡等重大灾害后果，需要提高设防标准的建筑与市政工程
丙 类	标准 设防类	指除甲类、乙类、丁类以外按标准要求进行设防的建筑与市政工程。应按本地区抗震设防烈度确定其抗震措施
丁 类	适度 设防类	指使用上人员稀少且震损不致产生次生灾害，允许在一定条件下适度降低设防要求的建筑与市政工程。允许比本地区抗震设防烈度的要求适当降低其抗震措施

8.【参考答案】B

【学天解析】混凝土结构房屋以及钢-混凝土组合结构房屋中，框支梁、框支柱及抗震等级不低于二级的框架梁、柱、节点核芯区的混凝土强度等级不应低于C30。

9.【参考答案】D

【学天解析】消能器与主体结构的连接一般分为支撑型、墙型、柱型、门架式和腋撑型等，设计时应根据工程具体情况和消能器的类型合理选择连接形式。当消能器采用支撑型连接时，可采用单斜支撑布置、"V"字形和人字形等布置，不宜采用"K"字形布置。

二、多项选择题

1.【参考答案】ABE

【学天解析】民用建筑按使用功能可分为居住建筑和公共建筑两大类，居住建筑包括住宅建筑和宿舍建筑，公共建筑是供人们进行各种公共活动的建筑，如图书馆、车站、办公楼、电影院、宾馆、医院等。

2.【参考答案】ABCE

【学天解析】主要交通用的楼梯的梯段净宽一般按每股人流宽为0.55 m+（0～0.15）m的人流股数确定，并不应少于两股；每个梯段的踏步不应超过18级，且不应少于2级；楼梯应至少于一侧设扶手，梯段净宽达三股人流时应两侧设扶手，达四股人流时应加设中间扶手。

1.2 建筑结构设计与构造要求

一、单项选择题

1.【参考答案】B

【学天解析】框架–剪力墙结构既具有框架结构平面布置灵活、空间较大的优点，又具有侧向刚度较大的优点。

2.【参考答案】D

【学天解析】

安全等级	破坏后果
一级	很严重：对人的生命、经济、社会或环境影响很大
二级	严重：对人的生命、经济、社会或环境影响较大
三级	不严重：对人的生命、经济、社会或环境影响较小

3.【参考答案】C

【学天解析】构件的跨度：与跨度的n次方成正比，此因素影响最大。

4.【参考答案】C

【学天解析】建筑结构设计使用年限：

类　　别	设计使用年限/年
临时性建筑结构	5
易于替换的结构构件	25
普通房屋和构筑物	50
纪念性建筑和特别重要的建筑结构	100

5.【参考答案】A

【学天解析】预应力混凝土楼板结构混凝土最低强度等级不应低于C30，其他预应力混凝土构件的混凝土最低强度等级不应低于C40。

6.【参考答案】A

【学天解析】预制剪力墙宜采用一字形，也可采用L形、T形或U形。

7.【参考答案】C

【学天解析】住宅建筑最适合采用混合结构。

二、多项选择题

1.【参考答案】BC

【学天解析】剪力墙结构是利用建筑物的墙体（内墙和外墙）做成剪力墙，既承受垂直荷载，也承受水平荷载，墙体既受剪又受弯，所以称剪力墙。剪力墙结构的优点是侧向刚度大、水平荷载作用下侧移小，缺点是剪力墙的间距小、结构建筑平面布置不灵活、结构自重也较大，多应用于住宅建筑，不适用于大空间的公共建筑。

2.【参考答案】ABD

【学天解析】安全性、适用性和耐久性概括称为结构的可靠性。

3.【参考答案】CDE

【学天解析】装饰装修施工过程中常见的荷载变动主要有：①在楼面上加铺任何材料属于对楼板增加了面荷载；②在室内增加隔墙、封闭阳台属于增加了线荷载；③在室内增加装饰性的柱子，特别是石柱，悬挂较大的吊灯，房间局部增加假山盆景，这些装修做法就是对结构增加了集中荷载。

4.【参考答案】ABC

【学天解析】D选项，地基变形属于永久荷载；E选项，火灾属于偶然作用。

5.【参考答案】ACDE

【学天解析】受拉钢筋锚固长度应根据钢筋的直径、钢筋及混凝土抗拉强度、钢筋的外形、钢筋锚固端的形式、结构或结构构件的抗震等级进行计算。受拉钢筋锚固长度不应小于20 m。对于受压钢筋，当充分利用其抗压强度并需锚固时，其锚固长度不应小于受拉钢筋锚固长度的70%。

6.【参考答案】ABD

【学天解析】钢结构具有以下主要优点：①材料强度高，自重轻，塑性和韧性好，材质均匀；②便于工厂生产和机械化施工，便于拆卸，施工工期短；③具有优越的抗震性能；④无污染、可再生、节能、安全，符合建筑可持续发展的原则，可以说钢结构的发展是21世纪建筑文明的体现。

钢结构的缺点是易腐蚀，需经常油漆维护，故维护费用较高。钢结构的耐火性差，当温度达到250℃时，钢结构的材质将会发生较大变化；当温度达到500℃时，结构会瞬间崩溃，完全丧失承载能力。

第2章　主要建筑工程材料性能与应用

2.1　常用结构工程材料

一、单项选择题

1.【参考答案】D

【学天解析】HPB属于热轧光圆钢筋，HRB属于普通热轧钢筋，HRBF属于细晶粒热轧钢筋。

2.【参考答案】B

【学天解析】伸长率是钢材发生断裂时所能承受永久变形的能力。伸长率越大，说明钢材的塑性越大。

冲击性能是指钢材抵抗冲击荷载的能力。钢的冲击性能受温度的影响较大，冲击性能随温度的下降而减小，当降到一定温度范围时，冲击值急剧下降，从而使钢材出现脆性断裂，这种性质称为钢的冷脆性，这时的温度称为脆性临界温度。脆性临界温度的数值越低，钢材的低温冲击性能越好。所以，在负温下使用的结构，应选用脆性临界温度较使用温度为低的钢材。

受交变荷载反复作用时，钢材在应力远低于其屈服强度的情况下突然发生脆性断裂破坏的现象，称为疲劳破坏。疲劳破坏是在低应力状态下突然发生的，所以危害极大，往往造成灾难性的事故。钢材的疲劳极限与其抗拉强度有关，一般抗拉强度高，其疲劳极限也较高。

3.【参考答案】A

【学天解析】硅酸盐水泥的早期强度高。

主要特性	水泥分类					
	硅酸盐水泥	普通水泥	矿渣水泥	火山灰水泥	粉煤灰水泥	复合水泥
凝结硬化速度	快	较快	慢			
强度	早期高	早期较高	早期强度低			
	—	—	后期强度增长较快			
水化热	大	较大	较小			
抗冻性	好	较好	差			
耐腐蚀性	差	较差	较好			
耐热性			好	较差		与掺入的材料的种类、掺量有关
干缩性	较小		较大		较小	
其他性质	—		泌水性大	抗渗性较好	抗裂性较高	

4.【参考答案】C

【学天解析】水泥的凝结时间分初凝时间和终凝时间。初凝时间是从水泥加水拌合起至水泥浆开始失去可塑性所需的时间；终凝时间是从水泥加水拌合起至水泥浆完全失去可塑性并开始产生强度所需的时间。国家标准规定，六大常用水泥的初凝时间均不得短于45 min，硅酸盐水泥的终凝时间不得长于6.5 h，其他五类常用水泥的终凝时间不得长于10 h。

水泥的体积安定性是指水泥在凝结硬化过程中，体积变化的均匀性。如果水泥硬化后产生不均匀的体积变化，即所谓体积安定性不良，就会使混凝土构件产生膨胀性裂缝，降低建筑工程质量，甚至引起严重事故。因此，施工中必须使用安定性合格的水泥。

5.【参考答案】B

【学天解析】水泥可以散装或袋装，袋装水泥每袋净含量为50 kg。水泥包装袋上应清楚标明：执行标准、水泥品种、代号、强度等级、生产者名称、生产许可证标志（QS）及编号、出厂编号、包装日期、净含量。包装袋两侧应根据水泥的品种采用不同的颜色印刷水泥名称和强度等级，硅酸盐水泥和普通硅酸盐水泥采用红色，矿渣硅酸盐水泥采用绿色，火山灰质硅酸盐水泥、粉煤灰硅酸盐水泥和复合硅酸盐水泥采用黑色或蓝色。

6.【参考答案】A

【学天解析】抗冻等级F50以上的混凝土简称抗冻混凝土。

7.【参考答案】D

【学天解析】膨胀剂适用于补偿收缩混凝土、填充膨胀混凝土、灌浆用膨胀砂浆、自应力混凝土等。

8.【参考答案】B

【学天解析】砂浆的流动性指砂浆在自重或外力作用下流动的性能，用稠度表示。稠度是以砂浆稠度测定仪的圆锥体沉入砂浆内的深度（单位为mm）表示。圆锥沉入深度越大，砂浆的流动性越大。影响砂浆稠度的因素有：所用胶凝材料种类及数量；用水量；掺合料的种类与数量；砂的形状、粗细与级配；外加剂的种类与掺量；搅拌时间。

保水性指砂浆拌合物保持水分的能力。砂浆的保水性用分层度表示。砂浆的分层度不得大于30 mm。

9.【参考答案】C

【学天解析】砌筑砂浆的强度用强度等级来表示。砂浆强度等级是以边长为70.7 mm的立方体试件，在标准养护条件下，用标准试验方法测得28 d龄期的抗压强度值（单位为MPa）确定。砌筑砂浆的强度等级宜采用M30、M25、M20、M15、M10、M7.5、M5七个等级。

对于砂浆立方体抗压强度的测定，《建筑砂浆基本性能试验方法标准》作出如下规定：立方体试件以3个为一组进行评定，以3个试件测值的算术平均值作为该组试件的砂浆立方体试件抗压强度平均值。

10.【参考答案】A

【学天解析】混凝土外加剂种类繁多、功能多样，可按其主要使用功能分为以下四类：①改善混凝土拌合物流动性能的外加剂，包括各种减水剂、引气剂和泵送剂等；②调节混凝土凝结时间、硬化性能的外加剂，包括缓凝剂、早强剂和速凝剂等；③改善混凝土耐久性的外加剂，包括引气剂、防水剂和阻锈剂等；④改善混凝土其他性能的外加剂，包括膨胀剂、防冻剂、着色剂、防水剂和泵送剂等。

二、多项选择题

1.【参考答案】ADE

【学天解析】国家标准规定，热轧带肋钢筋应在其表面轧上牌号标志、生产企业序号（许可证后3位数字）和公称直径毫米数字，还可轧上经注册的厂名（或商标）。

2.【参考答案】ABE

【学天解析】影响混凝土强度的因素主要有原材料及生产工艺方面的因素。原材料方面的因素包括：水泥强度与水胶比，骨料的种类、质量和数量，外加剂和掺合料。生产工艺方面的因素包括：搅拌与振捣，养护的温度和湿度，龄期。

3.【参考答案】ABCE

【学天解析】混凝土的碳化使混凝土碱度降低，削弱混凝土对钢筋的保护作用，可能导致钢筋锈蚀。碳化显著增加混凝土收缩，使混凝土抗压强度增大，但可能产生细微裂缝，而使混凝土抗拉、抗折强度降低。

4.【参考答案】BCE

【学天解析】含亚硝酸盐、碳酸盐的防冻剂严禁用于预应力混凝土结构；含有六价铬盐、亚硝酸盐等有害成分的防冻剂，严禁用于饮水工程及与食品相接触的工程；含有硝铵、尿素等产生刺激性气味的防冻剂，严禁用于办公、居住等建筑工程。

2.2 常用建筑装饰装修和防水、保温材料

一、单项选择题

1.【参考答案】A

【学天解析】便器的名义用水量限定了各种产品的用水上限，其中坐便器的节水型不大于5.0 L，蹲便器的节水型不大于6.0 L，小便器的节水型不大于3.0 L。

2.【参考答案】C

【学天解析】防火玻璃按耐火等级可分为五级，其相应耐火指标下的耐火时间分别对应不小于3 h、2 h、1.5 h、1 h、0.5 h。防火玻璃常用作建筑物的防火门、窗和隔断的玻璃。

3.【参考答案】B

【学天解析】夹层玻璃透明度好，抗冲击性能高，玻璃破碎不会散落伤人。适用于高层建筑的门窗、天窗、楼梯栏板和有抗冲击作用要求的商店、银行、橱窗、隔断及水下工程等安全性能高的场所或部位等。夹层玻璃不能切割，需要选用定型产品或按尺寸定制。

4.【参考答案】B

【学天解析】天然花岗石：所含石英在高温下会发生晶变，体积膨胀而开裂、剥落，所以不耐火，但因此而适宜制作火烧板。

二、多项选择题

1.【参考答案】BC

【学天解析】天然大理石质地较密实、抗压强度较高、吸水率低、质地较软、耐磨性相对较差，属中硬石材。天然大理石板材按板材的加工质量和外观质量分为A、B、C三级。大理石由于耐酸腐蚀能力较差，除个别品种外，一般只适用于室内。

2.【参考答案】ABCE

【学天解析】湿胀干缩变形会影响木材的使用特性。干缩会使木材翘曲、开裂，接榫松动，拼缝不严。湿胀可造成表面鼓凸，所以木材在加工或使用前应预先进行干燥，使其含水率达到或接近与环境湿度相适应的平衡含水率。

3.【参考答案】AC

【学天解析】刚性防水材料通常指防水砂浆与防水混凝土，俗称刚性防水。

4.【参考答案】ABCE

【学天解析】影响保温材料导热系数的因素：①材料的性质；②表观密度与孔隙特征；③湿度；④温度；⑤热流方向。

第3章　建筑工程施工技术

3.1　施工测量放线

一、单项选择题

1.【参考答案】D

【学天解析】钢尺的主要作用是距离测量，钢尺量距是目前楼层测量放线最常用的距离测量方法。

2.【参考答案】B

【学天解析】建筑物主轴线的竖向投测，主要有外控法和内控法两类。多层建筑可采用外控法或内控法，高层建筑一般采用内控法。

3.【参考答案】A

【学天解析】$H_A + a = H_B + b$，已知点为后视读数，待测点为前视读数。

4.【参考答案】D

【学天解析】轴线竖向投测前，应检测基准点，确保其位置正确，每层投测的允许偏差应在3 mm以内，并逐层纠偏。采用内控法进行轴线竖向投测。采用外控法进行轴线竖向投测时应将控制轴线引测至首层结构外立面上，作为各施工层主轴线竖向投测的基准。

二、实务操作和案例分析题

◎ **案例**

（1）建筑物细部点定位测设方法常用的有：直角坐标法；极坐标法；角度前方交会法；距离交会法；方向线交会法。

（2）本工程最适宜采用的方法是直角坐标法。

3.2　地基与基础工程施工

一、单项选择题

1.【参考答案】C

【学天解析】灌注桩排桩支护适用条件：基坑侧壁安全等级为一级、二级、三级；适用于可采取降水或止水帷幕的基坑。除悬臂式支护适用于浅基坑外，其他几种支护方式都适用于深基坑。

地下连续墙支护适用条件：基坑侧壁安全等级为一级、二级、三级；适用于周边环境条件很复杂的深基坑。

土钉墙适用条件：基坑侧壁安全等级为二级、三级。

2.【参考答案】B

【学天解析】基坑内采用深井降水时，水位监测点宜布置在基坑中央和两相邻降水井的中间部位；采用轻型井点、喷射井点降水时，水位监测点宜布置在基坑中央和周边拐角处。基坑外地下水位监测点应沿基坑、被保护对象的周边或在基坑与被保护对象之间布置，监测点间距宜为20～50 m。

3.【参考答案】D

【学天解析】当基坑开挖深度不大、周围环境允许，经验算能确保边坡的稳定性时，可采用放坡开挖。

4.【参考答案】C

【学天解析】填方土料应符合设计要求，保证填方的强度和稳定性。一般不能选用淤泥、淤泥质土、膨胀土、有机质大于5%的土、含水溶性硫酸盐大于5%的土、含水量不符合压实要求的黏性土。填方土应尽量采用同类土。

5.【参考答案】B

【学天解析】采用回灌井点时，回灌井点与降水井点的距离不宜小于6 m。

6.【参考答案】C

【学天解析】验槽前应要求建设方提供场地内是否有地下管线和相应的地下设施。

7.【参考答案】A

【学天解析】强夯置换处理地基必须通过现场试验确定其适用性和处理效果。强夯和强夯置换施工前，应在施工现场有代表性的场地上选取一个或几个试验区，进行试夯或试验性施工。每个试验区面积不宜小于20 m×20 m。

8.【参考答案】B

【学天解析】锤击沉桩法的一般施工程序：确定桩位和沉桩顺序→桩机就位→吊桩喂桩→校正→锤击沉桩→接桩→再锤击沉桩→送桩→收锤→转移桩机。

9.【参考答案】D

【学天解析】泥浆护壁法钻孔灌注桩施工工艺流程：场地平整→桩位放线→开挖浆池、浆沟→护筒埋设→钻机就位、孔位校正→成孔、泥浆循环、清除废浆、泥渣→第一次清孔→质量验收→下钢筋笼和钢导管→第二次清孔→清孔质量检验→水下浇筑混凝土→成桩。

10.【参考答案】A

【学天解析】无支护土方工程采用放坡挖土，有支护土方工程可采用中心岛式（也称墩式）挖土、盆式挖土和逆作法挖土等方法。

二、多项选择题

1.【参考答案】CE

【学天解析】基坑工程监测预警值应由监测项目的累计变化量和变化速率值共同控制。

2.【参考答案】ABCD

【学天解析】土方回填前，应根据工程特点、土料性质、设计压实系数、施工条件等合理选择压实机具，并确定回填土料含水率控制范围、铺土厚度、压实遍数等施工参数。

3.【参考答案】BD

【学天解析】验槽由总监理工程师或建设单位项目负责人组织建设、监理、勘察、设计及施工单位的项目负责人、技术质量负责人，共同按设计要求和有关规定进行。

4.【参考答案】BCE

【学天解析】大体积混凝土裂缝控制措施：

（1）优先选用低水化热的矿渣水泥拌制混凝土，并适当使用缓凝减水剂。

（2）在保证混凝土设计强度等级前提下，适当降低水胶比，减少水泥用量。

（3）降低混凝土的入模温度，控制混凝土内外温差。如降低拌合水温度，骨料用水冲洗降温等。

（4）及时对混凝土覆盖保温、保湿材料。

（5）可在基础内预埋冷却水管，通入循环水，强制降低混凝土水化热产生的温度。

（6）设置后浇缝，以减小外应力和温度应力。

（7）大体积混凝土可采用二次抹面工艺，减少表面收缩裂缝。

三、实务操作和案例分析题

◎ 案例一

（1）不妥1：由施工单位委托第三方基坑监测单位实施监测。

正确做法：应由建设单位委托第三方基坑监测单位实施监测。

（2）不妥2：经建设方、监理方认可后开始施工。

正确做法：监测方案还需经设计单位认可。

◎ 案例二

不妥1：混有建筑垃圾。

正确做法：应清除垃圾、杂物。

不妥2：分层厚度400 mm。

正确做法：振动压实机每层虚铺厚度为250～350 mm。

不妥3：压实遍数2遍。

正确做法：每层压实3～4遍。

不妥4：每天将回填2～3层土样统一送检。

正确做法：每1层取样送检。

3.3 主体结构工程施工

一、单项选择题

1.【参考答案】A

【学天解析】木模板体系较适用于外形复杂或异型混凝土构件，以及冬期施工的混凝土工程。

2.【参考答案】D

【学天解析】模板工程设计的主要原则包括实用性、安全性和经济性。

3.【参考答案】C

【学天解析】模板拆除时，拆模的顺序和方法应按模板的设计规定进行。当设计无规定时，可采取先支的后拆、后支的先拆，先拆非承重模板、后拆承重模板的顺序，并应从上而下进行拆除。

4.【参考答案】B

【学天解析】楼梯梯段施工缝宜设置在梯段板跨度端部的1/3范围内。

5.【参考答案】D

【学天解析】宽度超过300 mm的洞口上部，应设置钢筋混凝土过梁。在抗震设防烈度为8度及以上地区，对不能同时砌筑而又必须留置的临时间断处应砌成斜槎，普通砖砌体斜槎水平投影长度不应小于高度的2/3，多孔砖砌体的斜槎长高比不应小于1/2。斜槎高度不得超过一步脚手架的高度。非抗震设防及抗震设防烈度为6度、7度地区的临时间断处，当不能留斜槎时，除转角处外，可留直槎，但必须做成凸槎，且应加设拉结钢筋。埋入长度从留槎处算起每边均不应小于500 mm，抗震设防烈度为6度、7度地区，不应小于1000 mm。

二、多项选择题

1.【参考答案】CE

【学天解析】①钢筋宜采用无延伸功能的机械设备进行调直，也可采用冷拉调直。

当采用冷拉调直时，HPB300光圆钢筋的冷拉率不宜大于4%，带肋钢筋的冷拉率不宜大于1%。钢筋调直过程中不应损伤带肋钢筋的横肋。调直后的钢筋应平直，不应有局部弯折。②钢筋除锈：一是在钢筋冷拉或调直过程中除锈；二是可采用机械除锈机除锈、喷砂除锈、酸洗除锈和手工除锈等。③钢筋下料切断可采用钢筋切断机或手动液压切断器进行。钢筋的切断口不得有马蹄形或起弯等现象。

2.【参考答案】BE

【学天解析】钢筋接头位置宜设置在受力较小处，钢筋接头末端至钢筋弯起点的距离不应小于钢筋直径的10倍，同一纵向受力钢筋不宜设置两个或两个以上接头。

3.【参考答案】BCDE

【学天解析】混凝土的养护时间，应符合下列规定：①采用硅酸盐水泥、普通硅酸盐水泥或矿渣硅酸盐水泥配制的混凝土，不应少于7 d；②采用缓凝型外加剂、大掺量矿物掺合料配制的混凝土，不应少于14 d；③抗渗混凝土、强度等级C60及以上的混凝土，不应少于14 d；④后浇带混凝土的养护时间不应少于14 d；⑤地下室底层墙、柱和上部结构首层墙、柱宜适当增加养护时间。

4.【参考答案】ABCD

【学天解析】裂纹：通常有热裂纹和冷裂纹之分。产生热裂纹的主要原因是母材抗裂性能差、焊接材料质量不好、焊接工艺参数选择不当、焊接内应力过大等；产生冷裂纹的主要原因是焊接结构设计不合理、焊缝布置不当、焊接工艺措施不合理，如焊前未预热、焊后冷却快等。处理办法是在裂纹两端钻止裂孔或铲除裂纹处的焊缝金属，进行补焊。

5.【参考答案】DE

【学天解析】脚手架根据脚手架种类、搭设高度和荷载采用不同的安全等级。脚手架安全等级划分见下表。

落地作业脚手架		悬挑脚手架		满堂支撑脚手架（作业）		支撑脚手架		安全等级
搭设高度/m	荷载标准值/kN	搭设高度/m	荷载标准值/kN	搭设高度/m	荷载标准值/kN	搭设高度/m	荷载标准值/kN	
≤40	—	≤20	—	≤16	—	≤8	≤15 kN/m²或≤20 kN/m或≤7 kN/点	Ⅱ
>40	—	>20	—	>16	—	>8	>15 kN/m²或>20 kN/m或>7 kN/点	Ⅰ

注：（1）支撑脚手架的搭设高度、荷载中任一项不满足安全等级为Ⅱ级的条件时，其安全等级应划为Ⅰ级；

（2）附着式升降脚手架安全等级均为Ⅰ级；

（3）竹、木脚手架搭设高度在现行行业规范限值内，其安全等级均为Ⅱ级。

三、实务操作和案例分析题

◎ 案例一

A：50；B：75；C：100；D：75；E：100；F：100。

◎ 案例二

（1）图一：放线。图二：构造柱。图三：墙体砌筑。图四：现浇混凝土坎台。

（2）施工顺序：一→四→三→二。

◎ 案例三

错误1：当螺栓不能自由穿入时，工人现场用气割扩孔。

理由：高强度螺栓现场安装时应能自由穿入螺栓孔，不得强行穿入。若螺栓不能自由穿入，则可采用铰刀或锉刀修整螺栓孔，不得采用气割扩孔。

错误2：扩孔后部分孔径达到设计螺栓直径的1.35倍。

理由：扩孔后的孔径不应超过1.2倍螺栓直径。

◎ 案例四

（1）正确做法1：吊索水平夹角不宜小于60°，不应小于45°。

正确做法2：预制构件吊装应采用慢起、快升、缓放的操作方式。

正确做法3：预制构件与吊具的分离应在校准定位及临时支撑安装完成后进行。

正确做法4：浆料宜在加水后30 min内用完。

正确做法5：应留置40 mm×40 mm×160 mm的长方体试件。

（2）预制构件钢筋宜采用套筒灌浆连接、浆锚搭接连接、焊接、螺栓连接以及直螺纹套筒连接等连接方式。

（3）灌浆施工工艺流程：界面清理→灌浆料制备→灌浆料检测→灌注浆料→出浆口封堵。

3.4 屋面、防水与保温工程施工

一、单项选择题

1.【参考答案】B

【学天解析】屋面防水工程应根据建筑物的类别、重要程度、使用功能要求确定防水等级，并应按相应等级进行防水设防；对防水有特殊要求的建筑屋面，应进行专项防水设计。平屋面（排水坡度小于或等于18%的屋面）工程的防水做法应符合下表规定。

防水等级	防水做法	防水层	
		防水卷材	防水涂料
一级	不应少于3道	卷材防水层不应少于1道	
二级	不应少于2道	卷材防水层不应少于1道	
三级	不应少于1道	任选	

2.【参考答案】C

【学天解析】防水混凝土抗渗等级不得小于P6。其试配混凝土的抗渗等级应比设计要求提高0.2 MPa。用于防水混凝土的水泥品种宜采用硅酸盐水泥、普通硅酸盐水泥。防水混凝土拌合物应采用机械搅拌，搅拌时间不宜小于2 min。防水混凝土应分层连续浇筑，分层厚度不得大于500 mm，并应采用机械振捣，避免漏振、欠振和超振。

3.【参考答案】C

【学天解析】室内防水施工流程：清理基层→结合层→细部附加层→防水层→试水试验。室内防水工程完工后，必须做24 h蓄水试验。

4.【参考答案】B

【学天解析】泡沫混凝土的浇筑出料口离基层的高度不宜超过1 m，泵送时应采取低压泵送；泡沫混凝土应分层浇筑，一次浇筑厚度不宜超过200 mm，终凝后应进行保湿养护，养护时间不得少于7 d。现浇泡沫混凝土施工环境温度宜为5～35℃。

5.【参考答案】C

【学天解析】冷粘法、自粘法施工的环境气温不宜低于5℃，热熔法、焊接法施工的环境气温不宜低于－10℃。

二、实务操作和案例分析题

◎ 案例一

图1-1-3-6中数字代号所示各构造做法的名称如下：①胶粘剂；②耐碱玻纤网布；③薄抹灰面层；④锚栓。

◎ 案例二

不妥1：临时性保护墙用混合砂浆砌筑。

正确做法：临时性保护墙应采用石灰砂浆砌筑。

不妥2：卷材与永久性保护墙采用满粘法。

正确做法：从底面折向立面的卷材与永久性保护墙的接触部位，应采用空铺法施工。

不妥3：阴阳角的做法。

正确做法：阴阳角应做成45°坡角或圆弧，且阴阳角应铺设卷材加强层。

不妥4：底板卷材的保护层厚度。

正确做法：底板卷材防水层上细石混凝土保护层厚度应大于50 mm。

3.5 装饰装修工程施工

一、单项选择题

1.【参考答案】C

【学天解析】抹灰工程分为一般抹灰、保温层薄抹灰、装饰抹灰和清水砌体勾缝等分项工程。

一般抹灰包括水泥砂浆、水泥混合砂浆、聚合物水泥砂浆和粉刷石膏等抹灰。保温层薄抹灰包括保温层外面聚合物砂浆薄抹灰。装饰抹灰包括水刷石、斩假石、干粘石和假面砖等装饰抹灰。清水砌体勾缝包括清水砌体砂浆勾缝和原浆勾缝。

2.【参考答案】C

【学天解析】一般抹灰砂浆稠度控制表如下：

序 号	层 次	稠度/cm	主要作用
1	底层	9～11	与基层粘结，辅助作用是初步找平
2	中层	7～9	找平
3	面层	7～8	装饰

二、多项选择题

1.【参考答案】ADE

【学天解析】吊顶工程主要分为整体面层吊顶、板块面层吊顶和格栅吊顶。整体面层吊顶包括以轻钢龙骨、铝合金龙骨和木龙骨等为骨架，以石膏板、水泥纤维板和木板等为整体面层的吊顶；板块面层吊顶包括以轻钢龙骨、铝合金龙骨和木龙骨等为骨架，以石膏板、金属板、矿棉板、木板、塑料板、玻璃板和复合板等为板块面层的吊顶；格栅吊顶包括以轻钢龙骨、铝合金龙骨和木龙骨等为骨架，以金属、木材、塑料和复合材料等为格栅面层的吊顶。

2.【参考答案】ACD

【学天解析】石材饰面板安装采用湿作业法、粘贴法和干挂法。金属饰面板安装采用木衬板粘贴、有龙骨固定面板两种方法。木饰面板安装采用龙骨钉固法、粘接法。

3.6 季节性施工技术

一、单项选择题

1.【参考答案】B

【学天解析】基坑坡顶做1.5 m宽散水、挡水墙，四周做混凝土路面。CFG桩施工，槽底预留的保护土层厚度不小于0.5 m。砌体工程：①雨天不应在露天砌筑墙体，对下雨当日砌筑的墙体应进行遮盖。继续施工时，应复核墙体的垂直度。②雨期施工每天砌筑高度不得超过1.2 m。

2.【参考答案】A

【学天解析】雨期施工钢结构工程：雨期由于空气比较潮湿，焊条储存应防潮，使用时进行烘烤，同一焊条重复烘烤次数不宜超过2次，并由管理人员及时做好烘烤记录。焊接作业区的相对湿度不大于90%，如焊缝部位比较潮湿，必须用干布擦净并在焊接前用氧炔焰烤干，保持接缝干燥，没有残留水分。吊装时，构件上如有积水，安装前应清除干净，但不得损伤涂层。高强螺栓接头安装时，构件摩擦面应干净，不能有水珠，更不能雨淋和接触泥土及油污等脏物。

二、多项选择题

【参考答案】ADE

【学天解析】冬期施工配制混凝土宜选用硅酸盐水泥或普通硅酸盐水泥。采用蒸汽养护时，宜选用矿渣硅酸盐水泥。冬期施工混凝土配合比应根据施工期间环境气温、原材料、养护方法、混凝土性能要求等经试验确定，并宜选择较小的水胶比和坍落度。宜加热拌合水。当仅加热拌合水不能满足热工计算要求时，可加热骨料。水泥、外加剂、矿物掺合料不得直接加热，应事先贮于暖棚内预热。混凝土拌合物的出机温度不宜低于10℃，入模温度不应低于5℃。冬期施工混凝土强度试件的留置应增设与结构同条件养护试件，养护试件不应少于2组。同条件养护试件应在解冻后进行试验。

三、实务操作和案例分析题

◎ 案例

（1）冬期施工期限划分原则：当室外日平均气温连续5 d稳定低于5℃，即进入冬期施工；当室外日平均气温连续5 d高于5℃，即解除冬期施工。

（2）正确做法1：采用蒸汽养护时，宜选用矿渣硅酸盐水泥。

正确做法2：冬期施工混凝土宜选择较小的水胶比和坍落度。

正确做法3：水泥不得直接加热。

正确做法4：混凝土拌合物的入模温度不应低于5℃。

正确做法5：在混凝土养护和越冬期间，不得直接对负温混凝土表面浇水养护。

正确做法6：对于混凝土出机、浇筑、入模温度，每一工作班测量频次不少于4次。

第4章　相关法规

4.1　建筑工程施工相关法规

一、单项选择题

1.【参考答案】D

【学天解析】施工安全管理有下列情形之一的，应判定为重大事故隐患：①建筑施工企业未取得安全生产许可证擅自从事建筑施工活动；②施工单位的主要负责人、项目负责人、专职安全生产管理人员未取得安全生产考核合格证书从事相关工作；③建筑施工特种作业人员未取得特种作业人员操作资格证书上岗作业；④危险性较大的分部分项工程未编制、未审核专项施工方案，或未按规定组织专家对"超过一定规模的危险性较大的分部分项工程范围"的专项施工方案进行论证。

2.【参考答案】A

【学天解析】建设工程施工企业以建筑安装工程造价为依据，于月末按工程进度计算提取企业安全生产费用。房屋建筑工程提取标准为3%。

二、多项选择题

1.【参考答案】ABCE

【学天解析】施工现场建筑垃圾的减量化工作应遵循"估算先行、源头减量、分类管理、就地处置、排放控制"的总体原则。

2.【参考答案】BDE

【学天解析】企业安全生产费用管理原则：筹措有章、支出有据、管理有序、监督有效。

三、实务操作和案例分析题

◎ **案例一**

1.（1）不妥1：试验员如实记录了其取样、现场检测等情况，制作了见证记录。

正确做法：应由见证人员制作见证记录。

不妥2：总包项目部按照建设单位要求，每月向检测机构支付当期检测费用。

正确做法：应由建设单位支付。

（2）见证记录内容还有：制样、标识、封志、送检等情况。

◎ **案例二**

高处作业判定为重大事故隐患的情形还有：

①钢结构及网架安装用支撑结构地基基础承载力和变形不满足要求，钢结构、网架安装用支撑结构未按设计要求设置防倾覆装置；②单榀钢桁架（屋架）安装时未采取防失稳措施。

4.2　建筑工程通用规范

一、多项选择题

【参考答案】ABCE

【学天解析】应对下列部位的作业脚手架采取可靠的构造加强措施：①附着、支承于工程结构的连接处；②平面布置的转角处；③塔式起重机、施工升降机、物料平台等设施断开或开洞处；④楼面高度大于连墙件设置竖向高度的部位；⑤工程结构突出物影响架体正常布置处。

二、实务操作和案例分析题

◎ **案例**

施工质量验收应包括单位工程、分部工程、分项工程和检验批施工质量验收，并应符合下列规定：

（1）检验批应根据施工组织、质量控制和专业验收需要，按工程量、楼层、施工段划分；

（2）分项工程应根据工种、材料、施工工艺、设备类别划分；

（3）分部工程应根据专业性质、工程部位划分；

（4）单位工程应为具备独立使用功能的建筑物或构筑物。

第5章　相关标准

5.1　地基基础工程施工相关标准

一、单项选择题

【参考答案】B

【学天解析】强夯法适用于处理碎石土、砂土、低饱和度的粉土与黏性土、湿陷性黄土、素填土和杂填土等地基。

高压喷射注浆法适用于处理淤泥、淤泥质土、流塑、软塑可塑黏性土、粉土、砂土、黄土、素填土和碎石土等地基。必要时，应根据现场试验结果确定其适用性。

砂石桩法适用于挤密松散砂土、粉土、黏性土、素填土、杂填土等地基。饱和黏土地基上对变形控制要求不严的工程也可采用砂石桩置换处理。砂石桩法也可用于处理可液化地基。

水泥粉煤灰碎石桩（CFG桩）法适用于处理黏性土、粉土、砂土和已自重固结的素填土等地基，桩顶和基础之间应设置褥垫层，材料宜选用中砂、粗砂、级配砂石或碎石等。

二、多项选择题

【参考答案】ACDE

【学天解析】施工前应检查粉煤灰材料质量。施工中应检查分层厚度、碾压遍数、施工含水量控制、搭接区碾压程度、压实系数等。施工结束后，应进行地基承载力检验。

5.2　主体结构工程施工相关标准

一、单项选择题

【参考答案】B

【学天解析】混凝土试件尺寸及强度的尺寸换算系数如下表：

骨料最大粒径/mm	试件尺寸/mm	强度的尺寸换算系数
≤31.5	100×100×100	0.95
≤40	150×150×150	1.00
≤63	200×200×200	1.05

二、多项选择题

【参考答案】ACDE

【学天解析】装配式混凝土结构连接节点及叠合构件浇筑混凝土前，应进行隐蔽工程验收，包括下列主要内容：①混凝土粗糙面的质量，键槽的尺寸、数量、位置；②钢筋的牌号、规格、数量、位置、间距、箍筋弯钩的弯折角度及平直段长度；③钢筋的连接方式、接头位置、接头数量、接头面积百分率、搭接长度、锚固方式及锚固长度；④预埋件、预留管线的规格、数量、位置；⑤预制混凝土构件接缝处防水、防火等构造做法；⑥保温及其节点施工。

三、实务操作和案例分析题

◎ 案例一

（1）混凝土结构实体检验：

正确做法1：结构实体检验应在监理工程师见证下进行。

正确做法2：由项目技术负责人组织实施。

正确做法3：由具有资质的检测机构（实验室）承担检验。

（2）混凝土结构实体检验的项目有：混凝土强度、钢筋保护层厚度、结构位置与尺寸偏差以及合同约定的项目，必要时可检验其他项目。

◎ 案例二

不妥1：随机选择了一辆处于等候状态的混凝土运输车放料取样。

正确做法：浇筑地点随机取样。

不妥2：抗压试件一组6个。

正确做法：抗压试件一组3个。

不妥3：1组标准养护抗压试件。

正确做法：10组标准养护抗压试件。

◎ 案例三

错误1：监理工程师旁站。

正确做法：监理工程师见证。

错误2：项目经理组织实施。

正确做法：项目技术负责人组织实施。

◎ 案例四

（1）正确做法1：具有资质的检测机构（实验室）承担检验。

正确做法2：外观质量严重缺陷应由施工单位提出技术处理方案。

正确做法3：对影响使用功能的，技术处理方案还需要设计单位认可。

（2）结构实体检验包括：**混凝土强度、钢筋保护层厚度、结构位置与尺寸偏差**以及**合同约定的项目，必要时可检验其他项目。**

5.3 装饰装修与屋面工程相关标准

一、单项选择题

1.【参考答案】B

【学天解析】装修材料按其燃烧性能应划分为四级：A级，不燃性；B1级，难燃性；B2级，可燃性；B3级，易燃性。

2.【参考答案】A

【学天解析】有关安全和功能的检测项目表

序 号	子分部工程	检测项目
1	门窗工程	建筑外窗的气密性能、水密性能和抗风压性能
2	饰面板工程	饰面板后置埋件的现场拉拔力
3	饰面砖工程	外墙饰面砖样板及工程的饰面砖粘结强度
4	幕墙工程	1. 硅酮结构胶的相容性和剥离粘结性 2. 幕墙后置埋件和槽式预埋件的现场拉拔力 3. 幕墙的气密性、水密性、抗风压性能及层间变形性能

二、多项选择题

【参考答案】ADE

【学天解析】民用建筑内的库房或贮藏间，其内部所有装修除应符合相应场所规定外，应采用不低于B1级的装修材料。建筑物内的厨房，其顶棚、墙面、地面均应采用A级装修材料。住宅建筑装修设计：不应改动住宅内部烟道、风道；厨房内的固定橱柜宜采用不低于B1级的装修材料；卫生间顶棚宜采用A级装修材料；阳台类宜采用不低于B1级的装修材料。灯饰应采用不低于B1级的材料。

三、实务操作和案例分析题

◎ 案例一

工程质量验收还应符合下列要求：

（1）技术资料应完整；

（2）所用装修材料或产品的见证取样检验结果应满足设计要求；

（3）施工过程中的主控项目检验结果应全部合格；

（4）施工过程中的一般项目检验结果合格率应达到80%。

5.4　绿色建造与建筑节能相关标准

一、单项选择题

【参考答案】C

【学天解析】建筑材料和产品进行复验项目

序　号	分项工程	性能指标
1	墙体节能工程	保温材料的导热系数、密度、抗压强度或压缩强度；粘结材料的粘结性能；增强网的力学性能、抗腐蚀性能
2	门窗节能工程	严寒、寒冷地区气密性、传热系数和中空玻璃露点；夏热冬冷地区遮阳系数
3	屋面节能工程	保温隔热材料的导热系数、密度、抗压强度或压缩强度
4	地面节能工程	保温隔热材料的导热系数、密度、抗压强度或压缩强度
5	严寒地区墙体保温工程粘结材料	冻融循环

二、多项选择题

1.【参考答案】BCDE

【学天解析】屋面节能工程使用的材料进场时，应对其下列性能进行复验，复验应为见证取样：①保温隔热材料的导热系数或热阻、密度、压缩强度或抗压强度、吸水率、燃烧性能（不燃材料除外）；②反射隔热材料的太阳光反射比，半球发射率。

2.【参考答案】ABDE

【学天解析】节能建筑工程评价指标体系应由建筑规划、建筑围护结构、采暖通风与空气调节、给水排水、电气与照明、室内环境和运营管理七类指标组成。

三、实务操作和案例分析题

◎ 案例一

（1）该建筑属于Ⅰ类民用建筑工程。

（2）表中符合规范要求的检测项有：甲苯、二甲苯、TVOC。

（3）还应检测的项目包括：氡、氨、苯。

◎ 案例二

（1）不妥1：工程交付使用7天后，建设单位委托有资质的检验单位进行室内环境污染检测。

正确做法：对室内环境进行检测应在工程完工至少7天后，工程交付使用前进行。

（2）不妥2：在对室内环境的甲醛、苯、甲苯、二甲苯、氨、TVOC浓度进行检测时，检测人员将房间对外门窗关闭30分钟后进行检测。

正确做法：在对外门窗关闭1小时后进行检测。

（3）不妥3：在对室内环境的氡浓度进行检测时，检测人员将房间对外门窗关闭12小时后进行检测。

正确做法：将房间对外门窗关闭24小时后进行检测。

◎ 案例三

（1）不妥之处：检测点设在地砖表面。

正确做法：检测点应设在距离墙面不小于0.5 m，距离楼地面0.8～1.5 m高度处，且应均匀分布，避开通风道和通风口。

（2）合理。

理由：当房间使用面积大于等于100 m²、小于500 m²时，检测点不应少于3个。

（3）检测值：

甲醛：（0.08＋0.06＋0.05＋0.05）÷4＝0.06（mg/m³）。

氨：（0.20＋0.15＋0.15＋0.14）÷4＝0.16（mg/m³）。

（4）判断：

甲醛浓度合格。

理由：Ⅰ类民用建筑工程，甲醛浓度0.06 mg/m³＜0.07 mg/m³。

氨浓度不合格。

理由：Ⅰ类民用建筑工程，氨浓度0.16 mg/m³＞0.15 mg/m³。

第6章　建筑工程企业资质与施工组织

6.1　建筑工程施工企业资质

一、多项选择题

【参考答案】CDE

【学天解析】

企业资质	承包工程范围
特级资质企业	1.取得施工总承包特级资质的企业可承担建筑工程各等级工程施工总承包、设计及开展工程总承包和项目管理业务 2.特级资质的企业，限承担施工单项合同额3000万元以上的房屋建筑工程

一级资质企业	可承担单项合同额3000万元以上的下列建筑工程的施工： 1. 高度200 m以下的工业、民用建筑工程 2. 高度240 m以下的构筑物工程
二级资质企业	可承担下列建筑工程的施工： 1. 高度100 m以下的工业、民用建筑工程 2. 高度120 m以下的构筑物工程 3. 建筑面积4万m²以下的单体工业、民用建筑工程 4. 单跨跨度39 m以下的建筑工程
三级资质企业	可承担下列建筑工程的施工： 1. 高度50 m以下的工业、民用建筑工程 2. 高度70 m以下的构筑物工程 3. 建筑面积1.2万m²以下的单体工业、民用建筑工程 4. 单跨跨度27 m以下的建筑工程

二、实务操作和案例分析题

◎ 案例

四级。

6.2　二级建造师执业范围

一、单项选择题

【参考答案】A

【学天解析】建立项目管理机构应遵循下列步骤：

（1）根据项目管理规划大纲、项目管理目标责任书及合同要求明确管理任务；

（2）根据管理任务分解和归类，明确组织结构；

（3）根据组织结构，确定岗位职责、权限以及人员配置；

（4）制定工作程序和管理制度；

（5）由组织管理层审核认定。

二、实务操作和案例分析题

◎ 案例

M公司委派的项目经理不符合该工程规模的要求。

理由：住宅楼建筑面积约11万平方米，属于大型项目。项目经理应由一级注册建造师担任。

6.3　施工项目管理机构

实务操作和案例分析题

◎ 案例一

优秀、良好、合格、不合格。

◎ 案例二

不符合。

理由：项目安全管理部门负责人、专职安全员应取得安全生产考核合格证书C证。

6.4　施工组织设计

一、单项选择题

【参考答案】D

【学天解析】"四新"技术包括：新技术、新工艺、新材料、新设备。

二、多项选择题

1.【参考答案】ABDE

【学天解析】项目施工过程中，如发生以下情况之一时，施工组织设计应及时进行修改或补充：①工程设计有重大修改；②有关法律、法规、规范和标准实施、修订和废止；③施工环境有重大改变；④主要施工资源配置有重大调整；⑤主要施工方法有重大调整。经修改或补充的施工组织设计应重新审批后才能实施。

2.【参考答案】ABCD

【学天解析】专项方案＋专家论证：混凝土模板支撑工程：搭设高度8 m及以上；搭设跨度18 m及以上；施工总荷载（设计值）15 kN/m²及以上或集中线荷载（设计值）20 kN/m及以上；施工高度50 m及以上的建筑幕墙安装工程；开挖深度16 m及以上的人工挖孔桩工程；水下作业工程。

3.【参考答案】CDE

【学天解析】专家论证的主要内容：①专项方案内容是否完整、可行；②专项方案计算书和验算依据是否符合有关标准规范；③安全施工的基本条件是否满足现场实际情况。

4.【参考答案】ABC

【学天解析】专项施工方案实施过程中，施工单位应在施工现场显著位置公告危大工程名称、施工时间、具体责任人员，并在危险区域设置安全警示标志。

5.【参考答案】AD

【学天解析】对于按照规定需要验收的危大工程，施工单位、监理单位应当组织相关人员进行验收。验收合格的，经施工单位项目技术负责人及总监理工程师签字确认后，方可进入下一道工序。危大工程验收合格后，施工单位应当在施工现场明显位置设置验收标识牌，公示验收时间及责任人员。

三、实务操作和案例分析题

◎ 案例一

总承包单位和分包单位技术负责人或授权委派的专业技术人员、专项施工方案编制人员、项目专职安全生产管理人员及相关人员。

◎ 案例二

不妥1：分包单位技术负责人审批签字后报总承包单位备案。

正确做法：应当由总承包单位技术负责人及分包单位技术负责人共同审核签字并加盖单位公章。

不妥2：基坑支护专项方案由专业分包单位上报监理单位审查。

正确做法：实施施工总承包的项目，专项施工方案由总承包单位上报监理单位审查。

不妥3：监理单位对专业分包单位直接上报的专项施工方案进行审查。

正确做法：监理单位对专业分包单位直接上报的专项施工方案不予接收。

不妥4：专业分包单位组织召开专家论证会。

正确做法：应由施工总承包单位组织召开专家论证会。

不妥5：3名专家进行方案论证。

正确做法：论证专家不得少于5名。

◎ 案例三

1.不妥1：项目技术负责人审核、项目负责人审批。

正确做法：施工单位主管部门审核。

不妥2：项目技术负责人审核、项目负责人审批。

正确做法：单位工程施工组织设计应由施工单位技术负责人或技术负责人授权的技术人员审批。

2.还应补充成本、环保、节能、绿色施工等管理目标。

◎ 案例四

1.（1）对主要分包项目施工单位的明确要求有：对其选择要求及管理方式应进行简要说明；对其资质和能力应提出明确要求；对特殊工种人员提出具体要求。

（2）资源配置计划主要有：分包计划、劳动力使用计划、材料供应计划和机械设备供应计划。

2.该项目适合矩阵式项目管理组织结构。

理由：大中型项目宜设置矩阵式项目管理组织结构，小型项目宜设置线性职能式项目管理组织结构，远离企业管理层的大中型项目宜设置事业部式项目管理组织结构。

◎ 案例五

1. 施工部署的内容：工程目标，重点和难点分析，工程管理的组织，进度安排和空间组织，"四新"技术，资源配置计划，项目管理总体安排。

2.（1）一般工程施工顺序："先准备、后开工"，"先地下、后地上"，"先主体、后围护"，"先结构、后装饰"，"先土建、后设备"。

（2）施工顺序的确定原则：工序合理、工艺先进、保证质量、安全施工、充分利用工作面、缩短工期。

3.施工方法的确定原则：遵循先进性、可行性和经济性兼顾的原则。

◎ 案例六

1.（1）搭设跨度18 m及以上。

（2）施工总荷载（设计值）15 kN/m^{2}及以上。

（3）集中线荷载（设计值）20 kN/m及以上。

2.（1）错误1：建设单位组织召开专家论证会。

正确做法：应当由施工单位组织召开专家论证会。

错误2：设计单位项目技术负责人以专家身份参会。

正确做法：与本工程有利害关系的人员不得以专家身份参加专家论证会。

（2）专家论证的主要内容有：内容是否完整、可行；计算书和验算依据、施工图是否符合有关标准规范；是否满足现场实际情况，并能确保施工安全。

◎ 案例七

1.项目管理组织机构形式还应根据专业特点、人员素质和地域范围确定。

2.施工顺序的确定原则还有：保证质量、安全施工、充分利用工作面、缩短工期。

◎ **案例八**

危大工程专项施工方案专家论证的主要内容：

（1）专项施工方案内容是否完整、可行；

（2）专项施工方案计算书和验算依据、施工图是否符合有关标准规范；

（3）专项施工方案是否满足现场实际情况，并能够确保施工安全。

6.5　施工平面布置管理

一、单项选择题

1.【参考答案】C

【学天解析】下列特殊场所应使用安全特低电压照明器：①隧道、人防工程、高温、有导电灰尘、比较潮湿或灯具离地面高度低于2.5 m等场所的照明，电源电压不应大于36 V；②潮湿和易触及带电体场所的照明，电源电压不得大于24 V；③特别潮湿场所、导电良好的地面、锅炉或金属容器内的照明，电源电压不得大于12 V。

2.【参考答案】C

【学天解析】$d = \sqrt{\dfrac{4Q}{\pi \cdot v \cdot 1000}} = \sqrt{\dfrac{4 \times 1.92}{3.14 \times 2 \times 1000}} \approx 0.035（\text{m}）= 35（\text{mm}）$

3.【参考答案】A

【学天解析】施工现场综合考评办法及奖罚：①对于施工现场综合考评发现的问题，由主管考评工作的建设行政主管部门根据责任情况，向建筑业企业、建设单位或监理单位提出警告。②对于一个年度内，同一个施工现场被两次警告的，根据责任情况，给予建筑业企业、建设单位或监理单位通报批评的处罚；给予项目经理或监理工程师通报批评的处罚。③对于一个年度内，同一个施工现场被三次警告的，根据责任情况，给予建筑业企业或监理单位降低资质一级的处罚；给予项目经理、监理工程师取消资格的处罚；责令该施工现场停工整顿。

4.【参考答案】D

【学天解析】施工现场存放危险物品的仓库应远离现场单独设置，与在建工程的距离不小于15米。

二、多项选择题

【参考答案】ABDE

【学天解析】现场出入口明显处应设置"五牌一图"：工程概况牌、安全生产牌、文明施工牌、消防保卫牌、管理人员名单及监督电话等制度牌、施工总平面图。

三、实务操作和案例分析题

◎ 案例一

1. ①木工加工及堆场；②钢筋加工及堆场；③现场办公室；④物料提升机；⑤塔吊；⑥混凝土地泵；⑦施工电梯；⑧油漆库房；⑨大门及围墙；⑩车辆冲洗池。

2. 施工现场的主要道路及材料加工地面应进行硬化处理，如采取铺设混凝土、钢板、碎石等方法。裸露的场地和堆放的土方应采取覆盖、固化或绿化等措施。

◎ 案例二

1.（1）现场砖围墙设计高度不妥当，普通钢围挡设计高度妥当。

（2）砖围墙设计高度不得低于2.5 m。

2. 其0.8 m以上部分应采用通透性围挡，并应采取交通疏导和警示措施。

◎ 案例三

1. 施工现场安全警示牌的设置应遵循"安全、标准、醒目、便利、合理、协调"的原则。

2.（1）安全警示牌类型有：警告、禁止、指令、提示。

（2）从左到右的正确排列顺序：警告、禁止、指令、提示。

◎ 案例四

1. 现场综合考评包括：建筑业企业的施工组织管理、工程质量管理、施工安全管理、文明施工管理和建设单位、监理单位的现场管理等五个方面。

2. 施工现场综合考评办法及奖罚：

（1）对于施工现场综合考评发现的问题，由主管考评工作的建设行政主管部门根据责任情况，向建筑业企业、建设单位或监理单位提出警告。

（2）对于一个年度内，同一个施工现场被两次警告的，根据责任情况，给予建筑业企业、建设单位或监理单位通报批评的处罚；给予项目经理或监理工程师通报批评的处罚。

（3）对于一个年度内，同一个施工现场被三次警告的，根据责任情况，给予建筑业企业或监理单位降低资质一级的处罚；给予项目经理、监理工程师取消资格的处罚；责令该施工现场停工整顿。

◎ 案例五

不妥1：仅编制了安全用电和电气防火措施。

理由：施工现场用电设备在5台及以上或设备总容量在50 kW及以上者，应编制用电组织设计。

不妥2：由项目 **土建施工员** 编制。

理由：应由 **电气工程技术人员** 编制。

◎ **案例六**

（1）不妥1：水管直接埋地穿过临时道路。

正确做法：供水管线穿路处均要 **套以铁管**。

不妥2：消火栓最大间距为150 m。

正确做法：消火栓间距 **不应大于120 m**。

（2）$d = \sqrt{4 \times 13.7 \div (1000 \times 3.14 \times 1.5)} \approx 0.10786$（m）$= 107.86$（mm）

主供水管更换为DN125。

◎ **案例七**

工程质量管理考评的主要内容是 **质量管理与质量保证体系、工程实体质量、工程质量保证资料** 等情况。

第7章　施工招标投标与合同管理

7.1　施工招标投标

一、单项选择题

【参考答案】D

【学天解析】其他项目清单宜按照下列内容列项：暂列金额、暂估价、计日工、总承包服务费。

二、多项选择题

1.【参考答案】ADE

【学天解析】投标人应根据招标工程情况和企业自身实力，组织有关投标人员进行投标策略分析，包括企业目前经营现状和自身实力分析、对手分析和机会利益等。通常投标策略如下：

（1）高盈利策略通常适用于以下工程：①施工条件差的项目；②专业要求高的技术密集型工程，且企业在这方面在业界有专长、声望较高；③总价低的小工程，以及自己不愿做又不方便的工程；④特殊工程，例如地下开挖工程等；⑤工期要求紧的工程；⑥竞争对手少的工程；⑦支付条件不理想的工程。

（2）低报价策略通常适用于以下工程：①施工条件好的工程，工作简单，工作量大而且一般公司都可以做的工程；②企业急于打入某一市场、某一地区，或在该地区面临工程结束，施工机械设备等无工地转移时；③招标项目在企业附近，而招标项目又可以利用该工程的设备、劳务、周转材料，或有条件短期内突击完成的项目；④投标对手多，竞争激烈的项目；⑤非急需工程；⑥支付条件好的工程。

2.【参考答案】BE

【学天解析】企业管理费包括管理人员工资、办公费、差旅交通费、固定资产使用费、工具用具使用费、劳动保险和职工福利费、劳动保护费、检验试验费、工会经费、职工教育经费、财产保险费、财务费、税金（指企业按规定缴纳的房产税，车船使用税、土地使用税、印花税等）、其他（包括技术转让费、技术开发费、投标费、业务招待费、绿化费、广告费、公证费、法律顾问费、审计费、咨询费、保险费等）。

三、实务操作和案例分析题

◎ 案例一

（1）土石方分项工程综合单价：$(8.4+12+1.6) \times 900 \times (1+15\%) \times (1+5\%) \div 650 \approx 36.78$（元/m³）。

（2）中标造价为：$(4200+200+4200 \times 8\%+100+100) \times (1+9\%) = 5380.24$（万元）。

◎ 案例二

（1）分部分项工程费：$2130 \times (1+10\%) \times (1+5\%) = 2460.15$（万元）。

（2）增值税：$(2460.15+102+120+13.41) \times 10\% \approx 269.56$（万元）。

（3）签约合同价：$(2460.15+102+120+13.41) \times (1+10\%) \approx 2965.12$（万元）。

◎ 案例三

1.清单项A：

不调价部分：$5080 \times (1+5\%) = 5334$（m³）。

调价部分：$5594-5334=260$（m³）。

结算总价：$5334 \times 452+260 \times 452 \times (1-5\%) = 2522612$（元）。

清单项B：

结算总价：$8205 \times 104 \times (1+5\%) = 895986$（元）。

2.（1）已标价工程量清单或预算书有相同项目的，按照相同项目单价认定。

（2）已标价工程量清单或预算书中无相同项目，但有类似项目的，参照类似项目的单价认定。

（3）项目工程量的变化幅度超过15%的，或无相同项目及类似项目单价的，应由合同当事人进行商定，或者由总监理工程师按照合同约定审慎做出公正的决定。

◎ **案例四**

（1）预付款：（2000－80）×20%＝384.00（万元）。

（2）4月的应得进度款：300×90%－384÷4＝174.00（万元）＜200万元，因此总监理工程师不签发付款凭证。

5月的应得进度款：400×90%－384÷4＝264.00（万元）。

所以，第5个月实际进度款为264＋174＝438.00（万元）。

（3）应支付的竣工付款金额：（180＋200＋350＋300＋400＋350＋300）×（1－90%－3%）＝145.60（万元）。

◎ **案例五**

5000×（0.2＋0.3×0.99÷0.95＋0.1×1.03÷1.02＋0.2×0.95÷0.98＋0.2×0.88÷0.96）＝4954.11（万元）

【学天解析】

（1）因发包人的原因导致工期延误的，计划进度日期后续工程的价格或单价，采用计划进度日期与实际进度日期两者的较高者。

（2）因承包人的原因导致工期延误的，则计划进度日期后续工程的价格或单价，采用计划进度日期与实际进度日期两者的较低者。

◎ **案例六**

1.（1）预付款：1000×10%＝100（万元）。

（2）预付款起扣点：1000×60%＝600（万元）。

由于3、4、5、6月的累计工程款与预付款之和为：

80＋160＋170＋180＋100＝690（万元）＞600万元（起扣点）。所以，从6月份开始扣回预付款。

2.（1）7月份工程款：160－50＝110（万元）。

（2）8月份工程款为130（万元）。

（3）截至8月末支付工程款（含工程预付款）：80＋160＋170＋130＋110＋130＋100＝880（万元）。

3.（1）结算之前累计支付工程款：1000×90%＝900（万元）。

（2）竣工结算：1000＋5－1＝1004（万元）。

（3）保修金：1004×3%＝**30.12（万元）**。

◎ 案例七

1. 不妥1：由于配套的供热工程设计图纸内容不明确，**估计确定后会增加工程量**，建筑企业**适当降低了供热工程的投标报价**。

正确做法：预计工程量可能变更增加的项目，**适当提高投标报价**。

不妥2：因**前期的土方工程**能够早日回收工程款，建筑企业**适当降低了土方工程的投标报价**。

正确做法：对早日能够回收工程的前期分部分项工程（例如土方、基础），**适当提高投标报价**。

2. 规费：（9000＋600＋400）×2%＝**200（万元）**。

增值税：（9000＋600＋400＋200）×9%＝**918（万元）**。

中标总价：9000＋600＋400＋200＋918＝**11118（万元）**。

7.2 施工合同管理

一、单项选择题

【参考答案】C

【学天解析】采购的"四比一算"：比质量、比价格、比运距、比服务、算成本。

二、多项选择题

【参考答案】AC

【学天解析】除施工合同的专用合同条款另有约定外，合同履行过程中发生以下情形的，应按照本条约定进行变更：①增加或减少合同中任何工作或追加额外的工作；②取消合同中任何工作，但转由他人实施的工作除外；③改变合同中任何工作的质量标准或其他特性；④改变工程的基线、标高、位置和尺寸；⑤改变工程的时间安排或实施顺序。

三、实务操作和案例分析题

◎ 案例一

1.（1）不妥：甲乙双方通过协商，对工期及计价方式做出了相应调整与修改，签订了施工合同。

正确做法：保持待签合同与招标文件、投标文件的一致性。这种一致性要求包含了合同内容、承包范围、工期、造价、计价方式、质量要求等实质性内容。

（2）五个合同文件的优先解释顺序为：工程合同协议书、中标通知书、投标函合同、专用合同条款、通用合同条款。

（3）施工合同文件还有：技术标准和要求；图纸；已标价工程量清单或预算书；其他合同文件。

2. 错误1：专业分包单位向监理工程师提出变更估价申请。

正确做法：专业分包单位应向总包单位提出，由总包单位向监理工程师提出申请。

错误2：建设单位以未审批为理由予以扣除该项变更的费用。

正确做法：发包人在承包人提交变更估价申请后14天内予以审批，逾期未审批的视为认可承包人提交的变更估价申请。建设单位应该认同该项变更费用，不应扣除。

错误3：变更设计增加款项只能在竣工结算前最后一期的进度款中支付。

正确做法：变更设计增加款项在最近一期的进度款中一起支付。

◎ 案例二

建设单位应承担的损失有：价值80.00万元的待安装设备；必要的现场管理保卫人员费用支出2.00万元。

D施工单位应承担的损失有：D施工单位人员烧伤所需医疗费及误工补偿费35.00万元；租赁施工设备损坏赔偿费15.00万元。

◎ 案例三

（1）24天工期索赔成立。

（2）窝工费用索赔不成立。

（3）工程清理及修复费用索赔成立。

（4）设计变更费用索赔成立。

◎ 案例四

（1）建设单位不同意支付抽排基坑内雨污水费用8.00万元的审核意见不正确。

理由：该费用是在发生不可抗力后为了防止工程损坏所发生的费用，应由建设单位承担。

（2）建设单位不同意支付检修受损水电线路费用1.00万元的审核意见正确。

理由：按照不可抗力引发损失各自承担原则，该检修属于A施工单位正常维修工作或属于A施工单位责任范围，所以应由A施工单位自行承担。

（3）建设单位不同意支付抢修工程项目红线外受损的施工便道费用7.00万元的审核意见不正确。

理由：工程项目红线外施工便道属于建设单位的责任范围，所以该费用应由建设单位承担。

◎ 案例五

1.（1）双方签订的固定总价合同适当。

（2）固定总价合同适用于工程规模小、技术难度小、图纸设计完整、设计变更少、工期短（一般在一年之内）的工程项目。

（3）建筑工程合同价款的约定形式还有可调总价合同、单价合同（固定单价合同、可调单价合同）和成本加酬金合同。

2.乙方的索赔成立。

理由：承包方应在索赔事件发生后28天内向工程师提出索赔意向通知并送交最终索赔报告相关资料（或在索赔事件终了后28天内向工程师送交索赔的有关资料和最终索赔报告）。本工程连续停工25天，复工后乙方立即送交了索赔报告和相关资料，但甲方超期未答复，视为甲方已经认可，所以乙方的索赔已经生效。

3.乙方申报设计变更增加费不符合约定。

理由：总承包方在确认设计变更后14天内不提出设计变更增加款项的，视为该项设计变更不涉及合同价款变更。总承包方是在设计变更施工2个月后才提出设计变更报价，已超过合同约定的14天期限，因此发包方有权拒绝该项报价的签认。

◎ 案例六

（1）每平方米用量：$1 \div (0.8 \times 0.8) \approx 1.56$（块）。

A地采购数量比重：$936 \div 3900 = 24\%$。

B地采购数量比重：$1014 \div 3900 = 26\%$。

C地采购数量比重：$1950 \div 3900 = 50\%$。

材料原价：$(36 \times 24\% + 33 \times 26\% + 35 \times 50\%) \times 1.56 \approx 54.25$（元/$m^2$）。

（2）物资采购合同中的标的内容还有购销物资的品种、型号、规格、花色、质量要求等。

◎ 案例七

索赔期：$5100 \div (5.1 \times 10000) \times 20 = 2$（月）。该企业可索赔工期是2个月。

第8章 施工进度管理

8.1 施工进度计划方法应用

一、单项选择题

【参考答案】B

【学天解析】工艺参数，指组织流水施工时，用以表达流水施工在施工工艺方面进展状态的参数，通常包括施工过程和流水强度两个参数。

二、实务操作和案例分析题

◎ 案例一

1.（1）标准层装修施工属于无节奏流水施工。

（2）流水施工的组织形式还有等节奏流水施工和异节奏流水施工（等步距异节奏流水施工和异步距异节奏流水施工）。

2. 根据累加数列（节拍）、错位相减、取大差法（简称"大差法"）计算流水步距。

（1）各施工过程流水节拍的累加数列：

工序①：4 7 12

工序②：3 7 11

工序③：3 9 12

（2）错位相减，取最大值得流水步距：

$$K_{①,②}= \begin{array}{cccc} 4 & 7 & 12 & \\ - & 3 & 7 & 11 \\ \hline 4 & 4 & 5 & -11 \end{array}$$

所以，$K_{①,②}=5$

$$K_{②,③}= \begin{array}{cccc} 3 & 7 & 11 & \\ - & 3 & 9 & 12 \\ \hline 3 & 4 & 2 & -12 \end{array}$$

所以，$K_{②,③}=4$

（3）总工期：$T=\sum K_{i,i+1}+\sum t_n+\sum G-\sum C=（5+4）+（3+6+3）+0-0=21$（周）

（4）绘制流水施工横道图如下：

施工过程	施工进度/周																				
	1	2	3	4	5	6	7	8	9	10	11	12	13	14	15	16	17	18	19	20	21
工序①																					
工序②																					
工序③																					

◎ **案例二**

（1）关键线路：①→②→③→⑤→⑦→⑨→⑩→⑪→⑫。

（2）总工期：3＋3＋3＋5＋4＋1＝19（周）。

◎ **案例三**

A对应的工序关系：搭接。C对应的工序关系：间隔。

B对应的时间：1周。D对应的时间：2周。

◎ **案例四：**

（1）基础底板工期为15 d。

（2）横道图如下：

施工过程	施工进度（单位：d）														
	1	2	3	4	5	6	7	8	9	10	11	12	13	14	15
钢筋															
模板															
浇筑混凝土															

◎ **案例五**

1.（1）属于异节奏流水施工（异步距异节奏流水施工）。

（2）工期计算：$T=（2+2+10+4）+（4+4+4）+2-0=32（周）$。

（3）绘制流水施工进度计划图如下：

施工过程	施工进度（单位：周）															
	2	4	6	8	10	12	14	16	18	20	22	24	26	28	30	32
土方开挖（队伍一）																
基础施工（队伍二）																
地上结构（队伍三）																
二次砌筑（队伍四）																
装饰装修（队伍五）																

2.（1）若专业队无限制本工程可以采用等步距异节奏（成倍节拍）流水施工。

（2）计算工期：$T=（3+9-1）×2+2-0=24$（周）。

（3）绘制流水施工进度计划图如下：

施工过程	专业队	施工进度（单位：周）											
		2	4	6	8	10	12	14	16	18	20	22	24
土方开挖	1												
基础施工	1												
地上结构	1												
	2												
	3												
二次砌筑	1												
	2												
装饰装修	1												
	2												

◎ 案例六

1.（1）绘图错误：存在编号相同的工作。

（2）C工作总时差为10天，自由时差为10天。

2.（1）C工作因故延迟后，不影响总工期。

理由：C不是关键工作，因故延迟开工8天未超过总时差，故不影响总工期。

（2）C工作延迟后的总工期为130天。

3. 我国常用的工程网络计划类型包括双代号网络计划、双代号时标网络计划、单代号网络计划、单代号搭接网络计划。

◎ 案例七：

1.（1）计算工期：$12×7=84$（天）。

（2）关键线路：①-②-④-⑧-⑨-⑩（或①②④⑧⑨⑩）。

2. 施工总承包单位提出工期索赔14天不成立。

理由：工作F有7天（1周）总时差[或合理的索赔天数应为7天（1周）]。

◎ 案例八

1.（1）流水施工工期计算如下：

①各施工过程流水节拍的累加数列：

地基基础工程Ⅰ：30、60、90、120。

主体工程Ⅱ：45、90、135、180。

装饰装修工程Ⅲ：30、60、90、120。

安装工程Ⅳ：15、30、45、60。

②错位相减，取最大值得流水步距：

$$K_{Ⅰ,Ⅱ} \quad 30 \quad 60 \quad 90 \quad 120$$
$$- \quad 45 \quad 90 \quad 135 \quad 180$$
$$30 \quad 15 \quad 0 \quad -15 \quad -180$$

所以 $K_{Ⅰ,Ⅱ}=30$（天）；

$$K_{Ⅱ,Ⅲ} \quad 45 \quad 90 \quad 135 \quad 180$$
$$- \quad 30 \quad 60 \quad 90 \quad 120$$
$$45 \quad 60 \quad 75 \quad 90 \quad -120$$

所以 $K_{Ⅱ,Ⅲ}=90$（天）；

$$K_{Ⅲ,Ⅳ} \quad 30 \quad 60 \quad 90 \quad 120$$
$$- \quad 15 \quad 30 \quad 45 \quad 60$$
$$30 \quad 45 \quad 60 \quad 75 \quad -60$$

所以 $K_{Ⅲ,Ⅳ}=75$（天）。

③代入公式，计算流水工期：

$$T = \sum K_{i,i+1} + \sum t_n + \sum G = (30+90+75) + (15+15+15+15) = 255$$
（天）。

（2）不满足合同工期要求。

理由：计算工期大于合同施工工期240天。

8.2　施工进度计划编制与控制

实务操作和案例分析题

◎ 案例一

1.（1）A工作的持续时间：$3 \div 4200 \times 7000 = 5$（周）。

C工作的持续时间：$3 \div 3600 \times 2400 = 2$（周）。

（2）对合同总工期有影响。

理由：C工作为关键工作，持续时间由3周变2周，总工期减少1周，而A工作总时差变为2周，持续时间从3周变为5周刚好没有影响。

◎ 案例二

1. 施工总进度计划；单位工程进度计划；分阶段（或专项工程）进度计划；分部

分项工程进度计划。

2. 应压缩工作E 1周，需增加成本10万元。

◎ 案例三

1.（1）关键线路：A→C→E→G→H。

（2）总工期：$T=5+4+9+2+3=23$（天）。

2.（1）绘制网络图如下所示：

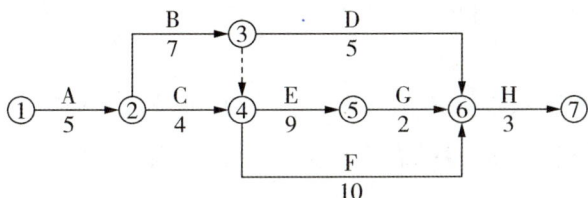

（2）总工期：$T=26$（天）。

3.（1）应压缩的工作项有E、H、F。

（2）E工作压缩1天，花费1000元；H工作压缩1天，花费1500元；E、F工作共同压缩1天，花费2000元。所需赶工费用：$1000+1500+2000=4500$（元）。

◎ 案例四

1.选择优化对象应考虑下列因素：

（1）缩短持续时间对质量和安全影响不大的工作；

（2）有备用或替代资源的工作；

（3）缩短持续时间所需增加的资源、费用最少的工作。

第9章　施工质量管理

9.1　结构工程施工

一、单项选择题

1.【参考答案】B

【学天解析】填方应按设计要求预留沉降量，一般不超过填方高度的3%。冬季填方每层铺土厚度应比常温施工时减少20%～25%，预留沉降量比常温时适当增加。土方中不得含冻土块且填土层不得受冻。

2.【参考答案】D

【学天解析】钢筋进场时，应按国家现行有关标准抽样检验屈服强度、抗拉强度、伸长率、弯曲性能（仅原材钢筋需检测该项）及单位长度重量偏差。

3.【参考答案】A

【学天解析】施工现场砌块应按品种、规格堆放整齐，堆置高度不宜超过2 m。砌筑砂浆应按要求随机取样。每一检验批且不超过250 m³砌体的各类、各强度等级的普通砌筑砂浆，每台搅拌机应至少抽检一次。由边长为7.07 cm的正方体试件，经过28 d标准养护，测得一组三块试件的抗压强度值来评定。砌筑砖砌体时，砖应提前1～2 d浇水湿润，混凝土多孔砖及混凝土实心砖不需要浇水湿润。

4.【参考答案】A

【学天解析】高强度螺栓连接构件摩擦面加工处理方法有喷砂、喷（抛）丸、酸洗、砂轮打磨。经处理后的摩擦面应采取保护措施，不得在摩擦面上作标记。

二、多项选择题

1.【参考答案】CDE

【学天解析】钢筋笼宜分段制作，分段长度视成笼的整体刚度、材料长度、起重设备的有效高度三因素综合考虑。

2.【参考答案】ACD

【学天解析】混凝土所用原材料进场复验应符合下列规定：①对水泥的强度、安定性、凝结时间及其他必要指标进行检验。同一生产厂家、同一品种、同一等级、同一批号且连续进场的水泥袋装不超过200 t为一检验批，散装不超过500 t为一检验批。当在使用中对水泥质量有怀疑或水泥出厂超过三个月（快硬硅酸盐水泥超过一个月）时，应进行复验，并应按复验结果使用。②当采用饮用水作为混凝土用水时，可不检验。当采用中水、搅拌站清洗水或施工现场循环水等其他来源水时，应对其成分进行检验。未经处理的海水严禁用于钢筋混凝土和预应力混凝土的拌制和养护。

预应力混凝土结构、钢筋混凝土结构中，严禁使用含氯化物的水泥。预应力混凝土结构中严禁使用含氯化物的外加剂；钢筋混凝土结构中，当使用含有氯化物的外加剂时，混凝土中氯化物的总含量必须符合现行国家标准的规定。

3.【参考答案】ABDE

【学天解析】高强度螺栓应自由穿入螺栓孔，不能穿过时，可用铰刀或锉刀修孔，不应气割扩孔。高强度螺栓安装时应先使用安装螺栓和冲钉，不得用高强度螺栓兼作安装螺栓。普通螺栓的紧固次序应从中间开始，对称向两边进行，对大型接头宜采用复拧。普通螺栓作为永久性连接螺栓时，紧固时螺栓头和螺母侧应分别放置平垫圈，螺栓头侧放置的垫圈不应多于2个，螺母侧放置的垫不应多于1个。永久性普通螺栓紧固应牢固、可靠，外露丝扣不应少于2扣。

三、实务操作和案例分析题

◎ 案例一

（1）施工单位还应增加的检测项目有：**伸长率、单位长度重量偏差**。

（2）通常情况下钢筋原材检验批量最大不宜超过**60吨**。

（3）监理工程师的意见**不正确**。

理由：在同一工程项目中，同一厂家、同一牌号、同一规格的钢筋连续三批进场检验均一次检验合格时，其后的**检验批量可扩大一倍**（或此批钢筋的检验批量可达**120吨**）。

◎ 案例二

修正和补充的措施和确认：

地下部分：梁柱核心区**分隔位置距离柱边缘不小于500 mm**。

地上部分：梁柱核心区浇筑同一等级C30混凝土应经**设计单位**同意。

◎ 案例三

（1）**不正确**。

理由：焊工必须考试合格并取得合格证书，**严禁无证焊工施焊**。

（2）需要进行烘焙的焊接工具和焊接材料还有：**焊剂、药芯焊丝、电渣焊熔嘴**和**焊钉用的瓷环**。

◎ 案例四

1. 质量证明文件包括：**出厂合格证**；**混凝土强度检验报告**；**钢筋复验单**；**钢筋套筒等其他构件钢筋连接类型的工艺检验报告**；合同要求的**其他质量证明文件**。

2. 正确做法1：型钢与叠合板之间宜**设置柔性衬垫保护**。

正确做法2：垫木间距应**不大于1600 mm**。

3. 预制叠合板安装的正确顺序：**①②⑥③⑤④⑦**。

4. 正确做法1：墙板与地面倾斜角度**应不宜小于80°**。

正确做法2：**预制外墙板应以轴线和外轮廓线双控制**。

◎ 案例五

1. 正确做法1：为合理传递荷载，立柱底部应设置**木垫板**，**禁止使用砖及脆性材料铺垫**。

正确做法2：拆除的模板必须**随时清理**。

正确做法3：对于跨度大于8.0 m的梁，混凝土强度**达到设计的混凝土立方体抗压强度标准值的100%**时，方可拆除梁底模和支架。

2. 2层梁板浇筑前，混凝土的核验内容还应包括：**混凝土强度等级，检查混凝土运输时间，测定混凝土坍落度，必要时还应测定混凝土扩展度**，在确认无误后再进行混凝土浇筑。

9.2　装饰装修工程施工

实务操作和案例分析题

◎ 案例一

饰面板工程应对下列隐蔽工程项目进行验收：

（1）预埋件（或后置埋件）；

（2）龙骨安装；

（3）连接节点；

（4）防水、保温、防火节点；

（5）外墙金属板防雷连接节点。

◎ 案例二

门窗工程有关安全和功能的检测项目有：建筑外窗的气密性能、水密性能和抗风压性能。

9.3　屋面与防水工程施工

一、多项选择题

【参考答案】ACE

【学天解析】屋面工程施工时，建立各道工序的自检、交接检和专职人员检查的"三检"制度。每道工序施工完成后，经监理单位或建设单位检查验收合格后再进行下道工序的施工。

二、实务操作和案例分析题

◎ 案例一

不妥1：穿楼板止水套管周围二次浇筑混凝土抗渗等级 **与原混凝土相同**。

正确做法：二次埋置的套管，其周围混凝土抗渗等级应比原混凝土**提高一级**（0.2 MPa）。

不妥2：地面饰面板与水泥砂浆结合层分段**先后铺设**。

正确做法：分段**同时铺设**。

不妥3：防水层、设备和饰面板层施工完成后，**一并**进行蓄水、淋水试验。

正确做法：防水层施工完成后**应做一次蓄水试验**，饰面板层施工完成后**做第二次蓄水试验**。

◎ 案例二

正确。

理由：蓄水试验应达到**24 h以上**。

9.4　工程质量验收管理

一、单项选择题

1.【参考答案】B

【学天解析】检验批应由专业监理工程师组织施工单位项目专业质量检查员、专业工长等进行验收。检验批质量验收记录填写时应具有现场验收检查原始记录。施工前，应由施工单位制定分项工程和检验批的划分方案，并由监理单位审核。对于相关验收规范未涵盖的分项工程和检验批，可由建设单位组织监理、施工等单位协商确定。

2.【参考答案】D

【学天解析】建筑节能分项工程和检验批的验收应单独填写验收记录，节能工程验收资料应单独组卷。

二、多项选择题

3.【参考答案】ABCD

【学天解析】工程资料移交应符合下列规定：①施工单位应向建设单位移交施工资料；②实行施工总承包的，各专业承包单位应向施工总承包单位移交施工资料；③监理单位应向建设单位移交监理资料；④工程资料移交时应及时办理相关移交手续，填写工程资料移交书、移交目录；⑤建设单位应按国家有关法规和标准规定向城建档案管理部门移交工程档案，并办理相关手续。

三、实务操作和案例分析题

◎ 案例一

1. **安全、节能、环境保护和主要使用功能**。

2. 分部工程的划分原则：

（1）可按**专业性质、工程部位**确定；

（2）当分部工程较大或较复杂时，可按**专业系统及类别、施工特点、材料种类、施工程序**将分部工程划分为若干子分部工程。

◎ 案例二

（1）地基与基础分部工程验收应由**总监理工程师（建设单位项目负责人）**组织。

（2）需要**建设单位、监理单位、施工单位、勘察单位、设计单位**等参加。

◎ 案例三

1. 不妥1：由**专业监理工程师**组织了竣工预验收。

正确做法：应由**总监理工程师**组织竣工预验收。

不妥2：**总监理工程师**及时向建设单位申请工程竣工验收。

正确做法：应由**施工单位**向建设单位提交工程竣工报告，申请工程竣工验收。

2. 正确的竣工资料移交程序：**分包单位向施工总承包单位移交、施工总承包单位向建设单位移交、设计单位向建设单位移交、勘察单位向建设单位移交、监理单位向建设单位移交、建设单位向城建档案馆移交。**

第10章 施工成本管理

10.1 施工成本影响因素及管理流程

一、单项选择题

【参考答案】D

【学天解析】工程施工成本分为直接成本和间接成本，两者构成工程的完全成本。直接成本，又称直接费，由人工费、材料费、机械费、措施费构成。间接成本，又称间接费，由企业管理费和规费组成，是指施工企业、项目部为组织和管理工程施工生产发生的各项管理相关费用。

二、实务操作和案例分析题

◎ 案例

（1）直接成本：$3000 + 17505 + 995 + 760 = 22260$（万元）。

间接成本：$450 + 525 = 975$（万元）。

（2）除成本核算外，还有**成本预测、成本计划、成本控制、成本分析、成本考核**。

10.2　施工成本计划及分解

一、单项选择题

【参考答案】D

【学天解析】按照建筑工程施工项目成本的费用目标划分为：生产成本、质量成本、工期成本、不可预见成本（例如罚款等）。

10.3　施工成本分析与控制

一、单项选择题

1.【参考答案】D

【学天解析】排序的原则是：先工程量，后价值量；先绝对数，后相对数。

2.【参考答案】A

【学天解析】应优先选择成本改进期望值较大的进行改进。

二、实务操作和案例分析题

◎ 案例一

（1）方案A的成本系数：$4400 \div （4400+4300+4200）\approx 0.341$。

方案B的成本系数：$4300 \div （4400+4300+4200）\approx 0.333$。

方案C的成本系数：$4200 \div （4400+4300+4200）\approx 0.326$。

（2）方案A的价值系数：$0.34 \div 0.341 \approx 0.997$。

方案B的价值系数：$0.32 \div 0.333 \approx 0.961$。

方案C的价值系数：$0.34 \div 0.326 \approx 1.043$。

（3）方案C的价值系数最大，方案C为最优方案。

◎ 案例二

1.第一次替换：产量因素，以520替代500，得$520 \times 1.04 \times 700 = 378560$（元）。

第二次替换：单价因素，以720替代700，得$520 \times 1.04 \times 720 = 389376$（元）。

第三次替换：损耗率因素，以1.025替代1.04，得$520 \times 1.025 \times 720 = 383760$（元）。

计算差值：

第一次替换差额：$378560 - 364000 = 14560$（元），说明产量的增加使成本增加14560元。

第二次替换差额：$389376 - 378560 = 10816$（元），说明单价的提高使成本增加10816元。

第三次替换差额：383760－389376＝－5616（元），说明损耗率的下降使成本减少了5616元。

2. 工期成本、不可预见成本、生产成本、质量成本。

10.4　施工成本管理绩效评价与考核

一、多项选择题

【参考答案】CD

【学天解析】以项目成本降低额、项目成本降低率作为对项目管理机构成本考核的主要指标。

二、实务操作和案例分析题

◎ 案例

1. 劳动生产率：3000000÷1200＝2500（元/工日）。

2. 材料成本降低率＝（300×60%－160）÷（300×60%）≈11.11%。

3. 项目施工目标成本和阶段性成本目标的完成情况；建立以项目经理为核心的成本责任制落实情况；成本计划的编制和落实情况；对各部门、岗位的责任成本的检查和考核情况；施工成本核算的真实性、符合性；考核兑现。

第11章　施工安全管理

11.1　施工作业安全管理

一、单项选择题

1.【参考答案】D

【学天解析】交叉作业人员不允许在同一垂直方向上操作，要做到上部与下部作业人员的位置错开，使下部作业人员的位置处在上部落物的可能坠落半径范围以外。当不能满足要求时，应设置安全隔离层进行防护。在拆除模板、脚手架等作业时，作业点下方不得有其他作业人员。结构施工自2层起，凡人员进出的通道口都应搭设符合规范要求的防护棚，高度超过24 m的交叉作业，通道口应设双层防护棚进行防护。

2.【参考答案】C

【学天解析】木工机具安装完毕，经验收合格后方可投入使用。不得使用同台电机驱动多种刀具、钻具的多功能木工机具。平刨严禁拆除安全护手装置进行刨削，严禁戴手套进行操作。机具应使用单向开关，不得使用倒顺双向开关。

二、多项选择题

【参考答案】BCE

【学天解析】附着式升降脚手架应在下列阶段检查和验收：附着式升降脚手架支座、悬挑脚手架悬挑结构搭设固定后；附着式升降脚手架在每次提升前、提升就位后，以及每次下降前、下降就位后。

三、实务操作和案例分析题

◎ 案例一

（1）在该高度移动平台上作业属于高处作业。

（2）建筑施工高处作业分为四个等级。

（3）操作人员必备的个人安全防护用具、用品有：合格的安全帽、安全带、防滑鞋等。

◎ 案例二

不妥1：编制安全用电和电气防火措施。

正确做法：编制用电组织设计。

不妥2：不单独设置总配电箱，直接从大学城项目总配电箱引出分配电箱，施工现场临时用电设备直接从分配电箱连接供电。

正确做法：必须三级配电。

不妥3：安排一名有经验的机械工进行用电管理。

正确做法：安排有执业资格的电工进行用电管理。

◎ 案例三

（1）正确做法1：一般场所额定电压为220 V。

正确做法2：室外220 V灯具距地面高度不得低于3 m。

正确做法3：室内220 V灯具距地面高度不得低于2.5 m。

正确做法4：碘钨灯安装高度宜在3 m以上。

（2）施工用电配电系统各配电箱、开关箱的安装位置规定有：①总配电箱（配电柜）要尽量靠近变压器或外电电源处，以便于电源的引入；②分配电箱安装在用电设备或负荷相对集中区域的中心地带，分配电箱与开关箱间的距离不应超过30 m；③开关箱安装位置应尽量靠近其控制的用电设备，开关箱与用电设备间的距离不应超过3 m。

◎ **案例四**

错误1：将潜水泵倾斜放入水中。

改正：潜水泵在水中应直立（垂直、竖直）放置。

错误2：有一处接头断裂，在重新连接处理好后继续使用。

改正：不得有接头（更换防水橡胶电缆）。

错误3：拉拽出水管（潜水泵体已陷入污泥）。

改正：提拉系绳（泵体不得陷入污泥）。

错误4：操作过程中未切断电源（漏电保护器失效）。

改正：操作时应切断电源（更换漏电保护器）。

◎ **案例五**

（1）正确做法1：木工机具应使用单向开关，不得使用倒顺双向开关。

正确做法2：电焊机一次侧电源线应穿管保护，长度一般不超过5 m。

正确做法3：焊把线长度一般不应超过30 m，并不应有接头。

正确做法4：电焊机施焊现场10 m范围内不得堆放易燃、易爆物品。

正确做法5：在潮湿场所或在金属构架等导电性良好的作业场所应使用Ⅱ类手持电动工具。

正确做法6：料斗升起时，严禁在其正下方工作或穿行；当需在料斗下方进行清理和检修时，应将料斗提升至上止点，且必须用保险销锁牢或用保险链挂牢。

（2）电焊机的接零保护、漏电保护和二次侧空载降压保护装置必须齐全有效。

（3）钢筋冷拉场地应设置警戒区，设置防护栏杆和安全警示标志。

◎ **案例六**

1. 正确做法1：电梯井口防护门严禁拆除。

正确做法2：交叉作业人员不允许在同一垂直方向上操作，要做到上部与下部作业人员的位置错开，使下部作业人员的位置处在上部落物的可能坠落半径范围以外，当不能满足要求时，应设置安全隔离层进行防护。

2. 正确做法1：悬挑长度不宜大于5 m，设计应符合相应的结构设计规范要求，周围安装防护栏杆。

正确做法2：悬挑式操作平台安装时不能与外围护脚手架进行拉结，应与建筑结构进行拉结。

11.2　安全防护与管理

一、单项选择题

1.【参考答案】A

【学天解析】基坑支护破坏的主要形式：

（1）由支护的强度、刚度和稳定性不足引起的破坏；

（2）由支护埋置深度不足，导致基坑隆起引起的破坏；

（3）由止水帷幕处理不好，导致管涌、流沙等引起的破坏；

（4）由人工降水处理不好引起的破坏。

2.【参考答案】D

【学天解析】对检查中发现的事故隐患应下达隐患整改通知单，定人、定时间、定措施进行整改。重大事故隐患整改后，应由相关部门组织复查。

3.【参考答案】A

【学天解析】为保证物料提升机整体稳定采用缆风绳时，高度在20 m以下可设1组（不少于4根），高度在30 m以下不少于2组，超过30 m时不应采用缆风绳锚固方法，应采用连墙杆等刚性措施。

二、多项选择题

【参考答案】DE

【学天解析】工程施工安全防护"三宝"：安全帽、安全带、安全网。严禁将安全帽充当坐垫、器皿使用。安全帽使用年限不得超过2年。安全带应高挂低用，注意防止摆动碰撞。安全带使用年限不得超过3年。安全网可分为平网和立网，严禁用立网代替平网。

三、实务操作和案例分析题

◎ 案例一

（1）短边尺寸200 mm的孔口安全防护措施：采用承载力满足使用要求的盖板覆盖，盖板四周搁置应均衡，且应防止盖板移位。

（2）尺寸1600 mm×2600 mm的洞口安全防护措施：在洞口作业侧设置高度不小于1.2 m的防护栏杆，洞口应采用安全平网封闭。

◎ 案例二

A：不符合要求，防护栏杆上杆离地高度应为1.2 m。

B：符合要求。

C：不符合要求，挡脚板高度不应小于180 mm。

D：连墙件。

◎ 案例三

（1）总包单位应对承揽分包工程的分包单位进行资质、安全生产许可证和相关人员安全生产资格审查。

（2）总包单位与分包单位签订分包合同时，应签订安全生产协议书，明确双方的安全责任。

（3）分包单位应按规定建立安全机构，配备专职安全员。

◎ 案例四

该次安全检查评定等级为不合格。

理由：施工机具分项检查评分表得0分（或有一个分项检查评分表得0分）。

◎ 案例五

错误1：采用一组缆风绳。

正确做法：缆风绳应（不少于）两组。

错误2：仅设置通道两侧的临边安全防护措施。

正确做法：在各楼层的通道口处应设置常闭型防护门。

错误3：地面进料口处仅设置安全防护门。

正确做法：应搭设防护棚，防护棚两侧应封挂安全立网。

◎ 案例六

（1）检查机械状况、制动性能、物件绑扎情况等，确认无误后方可起吊。

（2）对有晃动的物件，必须拴拉溜绳使之稳固。

（3）外用电梯应对措施：应停止使用，暴风雨过后，应组织人员对电梯各有关安全装置进行一次全面检查。

（4）塔吊应对措施：应停止作业，将吊钩升起。行走式塔吊要夹好轨钳。雨雪过后，应先经过试吊，确认制动器灵敏可靠后方可进行作业。

◎ 案例七

1.（1）不妥1：物料提升机的基础为200 mm（C20混凝土）厚条形基础。

正确做法：物料提升机的基础为300 mm（C20混凝土）厚条形基础。

不妥2：架体外侧檐高以下用立网进行防护。

正确做法：架体外侧应沿全高用立网进行防护。

不妥3：各层卸料通道两侧只设置了防护栏杆。

正确做法：各层卸料通道两侧设置防护栏杆及挡脚板，并用立网封闭。

（2）安全装置必须齐全 、灵敏 、可靠。

2.（1）不妥1：底笼周围2.0 m范围内设置了牢固的防护栏杆。

正确做法：底笼周围2.5 m范围内设置牢固的防护栏杆。

不妥2：各层站过桥和运输通道两侧设置了安全防护栏杆，进出口处设置了常开型的防护门。

正确做法：各层站过桥和运输通道，除应在两侧设置安全防护栏杆、挡脚板并用安全立网封闭外，进出口处尚应设置常闭型的防护门。

（2）外用电梯的安全装置有：制动器，限速器，门联锁装置，断绳保护装置，缓冲装置，上、下限位装置等。

◎ 案例八

施工安全管理检查评定的保证项目除了施工组织设计及专项施工方案之外，还包括安全生产责任制、安全技术交底、安全检查、安全教育、应急救援。

第12章　绿色施工及现场环境管理

12.1　绿色施工及环境保护

一、单项选择题

1.【参考答案】D

【学天解析】有毒有害废物分类率达100%。

2.【参考答案】D

【学天解析】夜间施工一般指当日22时至次日6时，特殊地区可由当地政府部门另行规定。

3.【参考答案】A

【学天解析】施工现场产生的固体废弃物应在所在地县级以上地方人民政府环卫部门申报登记，分类存放。建筑垃圾和生活垃圾应与所在地垃圾消纳中心签署环保协议，及时清运处置。有毒有害废弃物应运送到专门的有毒有害废弃物中心消纳。

4.【参考答案】D

【学天解析】"护"就是提前防护，针对被保护对象采取相应的防护措施，例如：对楼梯踏步，可以采用固定木板进行防护；对于进出口台阶，可以采用垫砖或搭设通道板的方法进行防护；对于门口、柱角等易被磕碰部位，可以固定专用防护条或包角等措施进行防护。

二、实务操作和案例分析题

◎ 案例一

（1）"四节一环保"是指：节能、节地、节水、节材和环境保护。

（2）"节能"体现在施工现场管理方面主要有：临时用电设施、机械设备、临时设施、材料运输与施工等。

（3）"环境保护"体现在施工现场管理方面主要有：资源保护、人员健康、污水排放、扬尘控制、噪声控制、光污染、建筑垃圾处置、废气排放等。

◎ 案例二

（1）晚间作业不超过22时，早晨作业不早于6时（或作业时间为6：00～22：00或22：00～次日6：00不能作业）。

（2）需办理夜间施工许可证明，并公告附近社区居民，采取降噪措施。

◎ 案例三

（1）不妥1：个别宿舍住有18人。

改正：每间宿舍不得超过16人。

不妥2：宿舍室内净高为2.4 m。

改正：宿舍室内净高不得小于2.5 m。

不妥3：住宿人员人均面积为2 m^2。

改正：住宿人员人均面积不得小于2.5 m^2。

不妥4：窗户为封闭式窗户。

改正：应为可开启式窗户。

不妥5：通道宽度为0.8 m。

改正：通道宽度不得小于0.9 m。

（2）炊事人员上岗应穿戴洁净的工作服、工作帽和口罩，并应保持个人卫生。不得穿工作服出食堂，非炊事人员不得随意进入制作间。

◎ 案例四

1. 改正1：施工用地：临建设施占地面积有效利用率大于90%。

改正2：材料运输：500 km以内生产的建筑材料及设备重量占比大于70%。

2. 不符合标准。

理由：根据绿色施工管理量化指标，固体废弃物排放量装配式混凝土结构现场**不大于200 t/万m²**；本项目建筑面积为5万m²，**最高为1000 t**。

12.2　施工现场消防

一、单项选择题

1.【参考答案】D

【学天解析】①一级动火作业由项目负责人组织编制防火安全技术方案，填写动火申请表，报企业安全管理部门审查批准后，方可动火。②二级动火作业由项目责任工程师组织拟定防火安全技术措施，填写动火申请表，报项目安全管理部门和项目负责人审查批准后，方可动火。③三级动火作业由所在班组填写动火申请表，经项目责任工程师和项目安全管理部门审查批准后，方可动火。④动火证当日有效，如动火地点发生变化，则需重新办理动火审批手续。

2.【参考答案】D

【学天解析】临时搭设的建筑物区域内每100 m²配备2只10 L灭火器。大型临时设施总面积超过1200 m²时，应配有专供消防用的太平桶、积水桶（池）、黄砂池，且周围不得堆放易燃物品。

3.【参考答案】C

【学天解析】仓库或堆料场严禁使用碘钨灯，以防碘钨灯引起火灾。

二、多项选择题

1.【参考答案】AB

【学天解析】（1）凡属下列情况之一的动火，均为一级动火：①禁火区域内；②油罐、油箱、油槽车和储存过可燃气体、易燃液体的容器及与其连接在一起的辅助设备；③各种受压设备；④危险性较大的登高焊、割作业；⑤比较密封的室内、容器内、地下室等场所；⑥现场堆有大量可燃和易燃物质的场所。

（2）凡属下列情况之一的动火，均为二级动火：①在具有一定危险因素的非禁火区域内进行临时焊、割等用火作业；②小型油箱等容器；③登高焊、割等用火作业。

（3）在非固定的、无明显危险因素的场所进行用火作业，均属三级动火作业。

三、实务操作和案例分析题

◎ 案例一

1. 在临时设施区域内应设的消防器材与设施：**太平桶、积水桶（池）、黄砂池、灭火器**。

2. 不合理。

理由：建立义务消防队，人数不少于施工总人数的10%。该工程施工总人数800人，义务消防队人数不得少于80人。

3. 要有操作证和动火证，并配备看火人员和灭火器具。

4. 不妥1：易燃材料仓库设在上风地带。

正确做法：应设在下风方向。

不妥2：有明火的生产辅助区与易燃材料间距为20 m。

正确做法：至少应保持30 m的防火间距。

不妥3：危险物品与易燃易爆品间距为20 m。

正确做法：危险物品与易燃易爆品的堆放距离不得小于30 m。

不妥4：易燃易爆危险品库房单个房间的建筑面积为30 m²。

正确做法：易燃易爆危险品库房单个房间的建筑面积不应超过20 m²。

◎ 案例二

（1）旗杆与基座预埋件焊接需要开动火证。

（2）该动火等级属三级动火作业。

（3）审批程序：三级动火作业由所在班组填写动火申请表，经项目责任工程师和项目安全管理部门审查批准后，方可动火。

◎ 案例三

（1）不正确。

理由：应由项目负责人组织编制，企业安全管理部门审查批准。

（2）动火证当日有效，如动火地点发生变化，则需重新办理动火审批手续。

巩固提升

通关必做卷一（基础阶段测试）

一、单项选择题

1.【参考答案】C

【学天解析】室内楼梯扶手高度自踏步前缘线量起不宜小于0.90 m。

2.【参考答案】C

【学天解析】建筑物的抗震设防根据其使用功能的重要性分为甲、乙、丙、丁类四个类别。

3.【参考答案】B

【学天解析】预应力混凝土楼板结构的混凝土最低强度等级不应低于C30，其他预应力混凝土构件的混凝土最低强度等级不应低于C40。

4.【参考答案】A

【学天解析】钢筋混凝土结构具有如下优点：就地取材、耐久性好、整体性好、可模性好、耐火性好。钢筋混凝土结构的缺点主要是自重大、抗裂性能差、现浇结构模板用量大、工期长等。

5.【参考答案】B

【学天解析】混凝土中掺入减水剂，混凝土的耐久性能得到显著改善。缓凝剂主要用于高温季节混凝土、大体积混凝土、泵送与滑模方法施工以及远距离运输的商品混凝土等。缓凝剂的水泥品种适应性十分明显，不同品种水泥的缓凝效果不同，甚至会出现相反的效果。因此，使用前必须进行试验，检测其缓凝效果。引气剂可改善混凝土拌合物的和易性，减少泌水离析，并能提高混凝土的抗渗性和抗冻性。由于大量微气泡的存在，混凝土的抗压强度会有所降低。早强剂可加速混凝土硬化和早期强度发展，缩短养护周期，加快施工进度，提高模板周转率。多用于冬期施工或紧急抢修工程。

6.【参考答案】D

【学天解析】激光铅直仪主要用来进行点位的竖向传递，如高层建筑施工中轴线点的竖向投测等。水准仪、经纬仪都只能测量两点间的大致水平距离。用全站仪测量多点间水平距离比较方便。

7.【参考答案】C

【学天解析】中心岛式挖土，宜用于支护结构的支撑形式为角撑、环梁式或边桁（框）架式，中间具有较大空间情况下的大型基坑土方开挖。但由于首先挖去基坑四周的土，支护结构受荷时间长，在软黏土中时间效应显著，有可能增大支护结构的变形量，对于支护结构受力不利。

8.【参考答案】A

【学天解析】冬期施工需考虑混凝土的保温，而木模板的保温效果较好。

9.【参考答案】C

【学天解析】对于同一基坑的不同部位，可采用不同的安全等级。

10.【参考答案】C

【学天解析】采用水泥基胶粘剂的基层应先充分湿润，但不应有明水。

11.【参考答案】A

【学天解析】现场出入口应设大门和保安值班室。严禁消防竖管作为施工用水管线。在建工程内，库房不得兼作宿舍。

12.【参考答案】B

【学天解析】土石方的开挖顺序、方法必须与设计工况和施工方案相一致，并应遵循"开槽支撑，先撑后挖，分层开挖，严禁超挖"的原则。

13.【参考答案】A

【学天解析】钢筋代换时，应征得设计单位的同意，并办理相应设计变更文件。

14.【参考答案】C

【学天解析】论证专家不得少于5名。

15.【参考答案】D

【学天解析】劳务分包单位不得将其承包的劳务作业再分包。

16.【参考答案】B

【学天解析】单位工程质量验收由建设单位项目负责人组织。

17.【参考答案】D

【学天解析】如发生法定传染病、食物中毒或急性职业中毒，必须在2 h内向所在地建设行政主管部门和有关部门报告，并应积极配合调查处理。

18.【参考答案】C

【学天解析】卷材防水层的基面应坚实、平整、清洁、干燥，阴阳角处应做成圆弧或45°坡角。冷粘法、自粘法施工的环境气温不宜低于5℃，热熔法、焊接法施工的环境气温不宜低于－10℃。如设计无要求，阴阳角等特殊部位铺设的卷材加强层宽度不应小于500 mm。

19.【参考答案】D

【学天解析】门窗工程有关安全和功能的检测项目包括建筑外窗的气密性能、水密性能和抗风压性能。

20.【参考答案】B

【学天解析】民用建筑工程室内环境中甲醛、苯、氨、总挥发性有机化合物（TVOC）浓度检测时，对采用自然通风的民用建筑工程，检测应在对外门窗关闭1 h后进行。

二、多项选择题

21.【参考答案】ABE

【学天解析】建筑物的围护体系由屋面、外墙、门、窗等组成，屋面、外墙围护的内部空间能够遮蔽外界恶劣气候的侵袭，同时起到隔声的作用，从而保证使用人群的安全性和私密性。门是连接内外的通道，窗户可以透光、通气和开放视野，内墙将建筑物内部划分为不同的单元。

22.【参考答案】ABCD

【学天解析】震害调查表明，框架结构震害的严重部位多发生在框架梁柱节点和填充墙处，一般是柱的震害重于梁，柱顶的震害重于柱底，角柱的震害重于内柱，短柱的震害重于一般柱。

23.【参考答案】ABD

【学天解析】砌体结构具有如下特点：

（1）容易就地取材，比使用水泥、钢筋和木材造价低；

（2）具有较好的耐久性、良好的耐火性；

（3）保温隔热性能好，节能效果好；

（4）施工方便，工艺简单；

（5）具有承重与围护双重功能；

（6）自重大，抗拉、抗剪、抗弯能力低；

（7）抗震性能差；

（8）砌筑工程量繁重，生产效率低。

24.【参考答案】CD

【学天解析】和易性是指混凝土拌合物易于施工操作（搅拌、运输、浇筑、捣实）并能获得质量均匀、成型密实的性能，又称工作性。和易性是一项综合技术性质，包括流动性、黏聚性和保水性三方面的含义。

25.【参考答案】AB

【学天解析】选项A、选项B都属于柔性防水。

26.【参考答案】ACE

【学天解析】分部工程应由总监理工程师或建设单位项目负责人组织施工单位项目负责人和项目技术负责人等进行验收。

27.【参考答案】ABCD

【学天解析】项目施工过程中，发生以下情况之一时，施工组织设计应及时进行修改或补充：

（1）工程设计有重大修改；

（2）有关法律、法规、规范和标准实施、修订和废止；

（3）主要施工方法有重大调整；

（4）主要施工资源配置有重大调整；

（5）施工环境有重大改变。

28.【参考答案】CD

【学天解析】建设单位在申请领取施工许可证或办理安全监督手续时，应当提供危险性较大的分部分项工程清单和安全管理措施。施工单位、监理单位应当建立危险性较大的分部分项工程安全管理制度。

29.【参考答案】ACE

【学天解析】分部工程应按下列原则划分：

（1）可按专业性质、工程部位确定；

（2）当分部工程较大或较复杂时，可按材料种类、施工特点、施工程序、专业系统及类别将分部工程划分为若干子分部工程。

30.【参考答案】BCE

【学天解析】在砖墙上留置临时施工洞口，其侧边离交接处墙面不应小于500 mm，洞口净宽不应超过1 m。宽度超过300 mm的洞口上部，应设置钢筋混凝土过梁。在抗震设防烈度为8度及8度以上地区，对不能同时砌筑而又必须留置的临时间断处应砌成斜槎。非抗震设防及抗震设防烈度为6度、7度地区的临时间断处，当不能留斜槎时，除转角处外，可留直槎，但直槎必须做成凸槎，且应加设拉结钢筋。

三、实务操作和案例分析题

◎ 案例一

1.（本小题4分）

不妥1：专项施工方案仅由分包单位技术负责人签字确认。（1分）

正确做法：专项施工方案还应经 施工总承包单位技术负责人签字确认。（1分）

不妥2：分包单位向监理机构提交专项施工方案审批。（1分）

正确做法：专项施工方案应 由施工总承包单位向监理机构提交审批。（1分）

2.（本小题4分）

不妥1：卫生间四周墙根防水层高度设置为200 mm。（1分）

正确做法：厕浴间、厨房四周墙根防水层泛水高度 不应小于250 mm。（1分）

不妥2：蓄水试验时间不足。（1分）

正确做法：蓄水试验时间应 不小于24 h。（1分）

3.（本小题7分）

（1）施工工期为 15周。（1分）

（2）关键线路：A→D→E→H→I。（2分）

（3）工作B：自由时差为0周（1分），总时差为1周（1分）。

工作G：自由时差为1周（1分），总时差为1周（1分）。

4.（本小题5分）

（1）14天。（1分）

（2）施工进度计划的调整内容还有 施工内容、工程量、持续时间、工作关系、资源供应。（满分4分，每条1分，给满为止）

◎ 案例二

1.（本小题4.5分）

不妥1：完成灌注桩的泥浆循环清孔工作后，随即放置钢筋笼和钢导管。（0.5分）

正确做法：第一次清孔后应进行质量验收，再下放钢筋笼和钢导管。（1分）

不妥2：放置钢筋笼、钢导管后立即进行桩身混凝土灌注。（0.5分）

正确做法：沉放钢筋笼、钢导管后应进行 二次清孔。（1分）

不妥3：灌注桩混凝土浇筑至桩顶设计标高。（0.5分）

正确做法：混凝土超灌高度应高于设计桩顶标高 1.0 m以上（1分）

2.（本小题6分）

（1）项目部的做法 不正确。（1分）

理由：应以 同条件养护试件 进行试验，才能判定是否可以拆模。（2分）

（2）模板工程设计的主要原则是：实用性、安全性、经济性。（满分3分，每条1分，给满为止）

3.（本小题4.5分）

不妥1：砌块生产7天后运往工地进行砌筑。（0.5分）

正确做法：砌块龄期至少应达到 28天 才可以进行砌筑。（1分）

不妥2：砌筑砂浆在砌筑前提前5小时拌制完成。（0.5分）

正确做法：现场拌制的砂浆应随拌随用，拌制的砂浆应在3小时内使用完毕；当施工期间最高气温超过30℃时，应在2小时内使用完毕。（1分）

不妥3：墙体一次砌筑至梁底以下200 mm位置。（0.5分）

正确做法：砌体每日砌筑高度宜控制在 1.5 m（或一步脚手架高度内）。（1分）

4.（本小题5分）

（1）坑边荷载、安全防护。（2分）

（2）施工现场安全设置需整改项目的正确做法：①当搭设高度在24 m及以上时，应在 全外侧立面 上由底至顶连续设置（1分）；②电梯井口应设置 固定 的防护栅门（1分）；③电梯井内 每两层（不大于10 m）设置一道安全平网进行防护（1分）。

◎ **案例三**

1.（本小题5分）

工程管理的组织、进度安排和空间组织、"四新"技术、资源配置计划、项目管理总体安排。（满分5分，每条1分，给满为止）

2.（本小题6分）

不妥1：混凝土最高 入模温度为40℃。（0.5分）

正确做法：大体积混凝土的入模温度 不宜大于30℃。（1分）

不妥2：混凝土 内部最高温度为75℃，且 表面最高温度为45℃。（0.5分）

正确做法：大体积混凝土的 里表温差不宜大于25℃。（1分）

不妥3：养护时间为7 d。（0.5分）

正确做法：大体积混凝土的 养护时间至少为14 d。（1分）

不妥4：混凝土浇筑完成后 没有进行二次抹面。（0.5分）

正确做法：大体积混凝土必须进行二次抹面工作，以减少表面收缩裂缝。（1分）

3.（本小题6分）

（1）不妥当。（1分）

理由：结构实体检验应在监理工程师（建设单位项目专业技术负责人）见证下，由施工项目技术负责人组织实施。（1分）

（2）结构实体检验内容包括：混凝土强度、钢筋保护层厚度、结构位置与尺寸偏差以及合同约定的其他项目。（满分2分，每条0.5分，给满为止）

（3）对涉及混凝土结构安全的有代表性的部位应进行结构实体检验。（2分）

4.（本小题3分）

审核人、技术负责人、编制日期、监理单位、现场监理、总监理工程师。（满分3分，每条1分，给满为止）

◎ **案例四**

1.（本小题6分）

（1）中标造价：（人工费＋材料费＋机械费＋管理费＋利润＋规费）×（1＋税金费率）＝（390＋2100＋210＋150＋120＋90）×（1＋3.41%）≈3164.35（万元）。（3分）

（2）投资估算、概算造价、预算造价、合同价、结算价、决算价。（满分3分，每条1分，给满为止）

2.（本小题4分）

施工现场综合考评还包括建筑业企业的施工组织管理、工程质量管理、施工安全管理、文明施工管理。（满分4分，每条1分，给满为止）

3.（本小题3分）

土方运距、土方施工顺序、地质条件。（满分3分，每条1分，给满为止）

4.（本小题7分）

（1）成本控制、成本考核。（2分）

（2）编制施工项目在计划期内的生产费用、成本水平、成本降低率以及为降低成本所采取的主要措施方案。（5分）

通关必做卷二（进阶阶段测试）

一、单项选择题

1.【参考答案】B

【学天解析】建筑高度大于100 m的民用建筑，应设置避难层（间）。有人员正常活动的架空层及避难层的净高不应低于2 m。

2.【参考答案】C

【学天解析】热辐射光源有白炽灯和卤钨灯。优点：体积小、构造简单、价格便宜；用在居住建筑和开关频繁、不允许有频闪现象的场所。缺点：散热量大、发光效率低、寿命短。

气体放电光源有荧光灯、荧光高压汞灯、金属卤化物灯、钠灯、氙灯等。优点：发光效率高、寿命长、灯的表面亮度低、光色好、接近天然光光色。缺点：有频闪现象、镇流噪声；开关次数频繁影响灯的寿命。

3.【参考答案】B

【学天解析】装饰装修常见的施工荷载主要有：①在楼面上加铺任何材料属于对楼板增加了面荷载；②在室内增加隔墙、封闭阳台属于增加了线荷载；③在室内增加装饰性的柱子，特别是石柱，悬挂较大的吊灯，房间局部增加假山盆景，这些装修做法是对结构增加了集中荷载。

4.【参考答案】A

【学天解析】钢结构具有以下主要优点：①材料强度高，自重轻，塑性和韧性好，材质均匀；②便于工厂生产和机械化施工，便于拆卸，施工工期短；③具有优越的抗震性能；④无污染、可再生、节能、安全，符合建筑可持续发展的原则。钢结构的缺点是易腐蚀，需经常油漆维护，故维护费用较高。钢结构的耐火性差，当温度达到250℃时，钢结构的材质将会发生较大变化；当温度达到500℃时，结构会瞬间崩溃，完全丧失承载能力。

5.【参考答案】D

【学天解析】屈服强度是结构设计中钢材强度的取值依据。

6.【参考答案】B

【学天解析】只能在空气中硬化，也只能在空气中保持和发展其强度的材料，被称为气硬性胶凝材料，如石灰、石膏和水玻璃等；既能在空气中，还能更好地在水中硬化、保持和继续发展其强度的材料，被称为水硬性胶凝材料，如各种水泥。

7.【参考答案】A

【学天解析】材料的导热系数越大，保温性能越差；表观密度小的材料，导热系数小；当热流平行于纤维方向时，保温性能减弱。

8.【参考答案】C

【学天解析】标高的竖向传递，宜采用钢尺从首层起始标高线垂直量取，规模较小的工业建筑或多层民用建筑宜从2处分别向上传递，规模较大的工业建筑或高层建筑宜从3处分别向上传递。

9.【参考答案】A

【学天解析】大体积混凝土工程的施工宜采用整体分层连续浇筑施工或推移式连续浇筑施工。整体分层连续浇筑或推移式连续浇筑，应缩短间歇时间，并在前层混凝土初凝之前将次层混凝土浇筑完毕。

10.【参考答案】B

【学天解析】跨度为2 m的板，同条件养护试块的强度达到设计强度值的50 %即可拆底模。

11.【参考答案】D

【学天解析】电渣压力焊适用于现浇钢筋混凝土结构中竖向或斜向（倾斜度在4：1范围内）钢筋的连接。

12.【参考答案】A

【学天解析】泵送混凝土的入泵坍落度不宜低于100 mm。

13.【参考答案】D

【学天解析】裂纹：通常有热裂纹和冷裂纹之分。产生热裂纹的主要原因是母材抗裂性能差、焊接材料质量不好、焊接工艺参数选择不当、焊接内应力过大等；产生冷裂纹的主要原因是焊接结构设计不合理、焊缝布置不当、焊接工艺措施不合理，如焊前未预热、焊后冷却快等。处理办法是在裂纹两端钻止裂孔或铲除裂纹处的焊缝金属，进行补焊。

14.【参考答案】B

【学天解析】幕墙与每层楼板、隔墙处的缝隙应采用防火封堵材料封堵，填充材料可采用岩棉或矿棉。外墙上下开口处应各设置一道防火封堵，其厚度不应小于200 mm，并应满足设计的耐火极限要求。两道防火封堵与实体墙形成的高度应满足外墙上下开口间实体墙高度要求。楼层间水平防烟带的岩棉或矿棉宜采用厚度不小于1.5 mm的镀锌钢板承托。承托板与主体结构、幕墙结构及承托板之间的缝隙宜填充防火密封材料。同一幕墙玻璃单元不宜跨越建筑物的两个防火分区。

15.【参考答案】D

【学天解析】①当房间内有2个及以上检测点时，应采用对角线、斜线、梅花状均衡布点，并取各点检测结果的平均值作为该房间的检测值。②民用建筑工程验收时，环境污染物浓度现场检测点距内墙面应不小于0.5 m、距楼地面高度为0.8～1.5 m。检测点应均匀分布，避开通风道和通风口。

16.【参考答案】D

【学天解析】跨度60 m及以上的网架和索膜结构安装工程。

17.【参考答案】D

【学天解析】根据《混凝土结构工程施工质量验收规范》，预应力混凝土结构中，严禁使用含氯化物的外加剂。

18.【参考答案】A

【学天解析】地上建筑的水平疏散走道和安全出口的门厅，其顶棚应采用A级装修材料，其他部位应采用不低于B1级装修材料；地下民用建筑的疏散走道和安全出口门厅，其顶棚、墙面和地面均应采用A级装修材料。

19.【参考答案】C

【学天解析】混凝土的抗渗性直接影响到混凝土的抗冻性和抗侵蚀性。混凝土的抗渗性主要与其密实度及内部孔隙的大小和构造有关。

20.【参考答案】B

【学天解析】民用建筑工程室内用水性涂料和水性腻子，应测定游离甲醛的含量，其限量规定：游离甲醛（mg/kg）≤100。

二、多项选择题

21.【参考答案】ACDE

【学天解析】建筑构造的影响因素：①荷载因素的影响；②环境因素的影响；③技术因素的影响；④建筑标准的影响。

22.【参考答案】ABE

【学天解析】简支梁跨中最大位移为：

$$f = \frac{5ql^4}{384EI}$$

从公式可以看出，影响梁变形的因素除荷载外，还有：

材料性能：与材料的弹性模量 E 成反比。

构件的截面：与截面的惯性矩 I 成反比。

构件的跨度：与跨度 l 的 n 次方成正比，此因素影响最大。

23.【参考答案】BCD

【学天解析】HRB400E、HRB500E分别以4E、5E表示，HRBF400E、HRBF500E分别以C4E、C5E表示。国家标准还规定，热轧带肋钢筋应在其表面轧上牌号标志、生产企业序号（许可证后3位数字）和公称直径毫米数，还可轧上经注册的厂名（或商标）。

24.【参考答案】BCDE

【学天解析】普通水泥的特性有：凝结硬化较快、早期强度较高；水化热较大；抗冻性较好；耐热性较差；耐蚀性较差；干缩性较小。

25.【参考答案】ABCE

【学天解析】卷材防水层施工时，应先进行细部构造处理；平行屋脊的搭接缝应顺流水方向；立面或大坡面铺贴卷材时，应采用满粘法，并宜减少卷材短边搭接；上下层卷材不得相互垂直铺贴；上下层卷材长边搭接缝应错开，且不应小于幅宽的1/3。

26.【参考答案】ABD

【学天解析】进场的保温材料应检验项目有：

（1）板状保温材料：表观密度或干密度、压缩强度或抗压强度、导热系数、燃烧性能。

（2）纤维保温材料：表观密度、导热系数、燃烧性能。

27.【参考答案】ABDE

【学天解析】现场临时用水包括生产用水、生活用水、消防用水和机械用水。

28.【参考答案】ACD

【学天解析】检验批应根据施工组织、质量控制和专业验收需要，按工程量、楼层、施工段划分。

29.【参考答案】CDE

【学天解析】Ⅰ类民用建筑工程：住宅、居住功能公寓、老年人照料房屋设施、幼儿园、学校教室、学生宿舍等民用建筑工程。

30.【参考答案】AD

【学天解析】（1）隧道、人防工程、高温、有导电灰尘、比较潮湿或灯具离地面高度低于2.5 m等场所的照明，电源电压不得大于36 V。

（2）潮湿和易触及带电体场所的照明，电源电压不得大于24 V。

（3）特别潮湿场所、导电良好的地面、锅炉或金属容器内的照明，电源电压不得大于12 V。

三、实务操作和案例分析题

◎ **案例一**

1.（本小题6分）

（1）工作A的工期索赔成立，费用索赔成立。（1分）

理由：不明管线电缆属于不利的物质条件，是一个有经验的承包商不能合理预见的。（1分）

（2）工作D的工期索赔不成立，费用索赔不成立。（1分）

理由：罕见大暴雨可按不可抗力事件处理，窝工费索赔不成立。D工作有10天总时差，D工作的延误不影响总工期。（1分）

（3）工作C的工期索赔成立，费用索赔成立。（1分）

理由：设计变更属于建设单位的责任。（1分）

2.（本小题3分）

选择工期优化对象应考虑下列因素：

缩短持续时间对质量和安全影响不大的工作；（1分）

有备用或替代资源的工作；（1分）

缩短持续时间所需增加的资源、费用最少的工作。（1分）

3.（本小题5分）

（1）方案一：Ⅰ、Ⅱ、Ⅲ，工期T为14天（1分）。方案二：Ⅱ、Ⅰ、Ⅲ，工期T为13天（1分）。应选择方案二（1分）。

（2）横道图如下：（2分）

施工过程	施工进度/天												
	1	2	3	4	5	6	7	8	9	10	11	12	13
a													
b													
c													

4.（本小题3分）

（1）实际工期为225天。（1分）

（2）工期奖励2万元。（1分）

（3）费用索赔6万元。（1分）

5.（本小题3分）

施工进度计划可调整的内容还有：**施工内容、工程量、持续时间、资源供应**等。（满分3分，每条1分，给满为止）

◎ **案例二**

1.（本小题4分）

正确做法1：加劲箍宜设在**主筋外侧**。（1分）

正确做法2：环形箍筋与主筋连接应采用**点焊连接**。（1分）

正确做法3：钢筋笼起吊吊点宜设置在**加强箍筋部位**。（1分）

正确做法4：第一次浇筑混凝土必须保证底端能埋入混凝土中**0.8～1.3 m**。（1分）

2.（本小题5分）

（1）正确做法1：钢筋接头位置应设置在**受力较小处**。（1分）

正确做法2：**板的钢筋在上，次梁的钢筋居中，主梁的钢筋在下**。（1分）

（2）**隐蔽工程验收和技术复核**；**对操作人员进行技术交底**；**检查并确认施工现场具备实施条件**；**应填报浇筑申请单，并经监理工程师签认**。（满分3分，每条1分，给满为止）

3.（本小题6分）

（1）输送泵管的内径**不满足要求**。（1分）

理由：混凝土粗骨料最大粒径**不大于25 mm时**，可采用内径**不小于125 mm**的输送泵管。（1分）

混凝土粗骨料最大粒径**不大于40 mm时**，可采用内径**不小于150 mm**的输送泵管。（1分）

（2）**串筒**（1分）、**溜管**（1分）、**溜槽**（1分）。

4.（本小题5分）

（1）门窗节能分项工程验收应由**专业监理工程师**主持。（1分）

（2）节能分部工程验收的组织人员应为**总监理工程师（或建设单位项目负责人）**。（1分）

（3）参加节能分部工程的验收人员还应有：**施工单位项目技术负责人；设计单位项目负责人及相关专业负责人；主要设备、材料供应商及分包单位负责人**。（满分3分，每条1分，给满为止）

◎ **案例三**

1.（本小题6分）

（1）错误1：打桩机附近约8 m处有一排高压电线。（1分）

正确做法：高压线 两侧10 m以内不得安装打桩机。（1分）

错误2：将打桩机垂直风向停置。（1分）

正确做法：应将打桩机 顺风向 停置。（1分）

（2）施工前应针对 作业条件 和 桩机类型 编写专项施工方案。（2分）

2.（本小题2分）

（1）密实混凝土封堵、 压密注浆、 高压喷射注浆。（满分2分，每条1分，给满为止）

3.（本小题2分）

（1）打设封闭桩或开挖隔离沟（1分）、 管线架空（1分）。

4.（本小题4分）

（1）较大事故。（1分）

（2）水平杆的步距、 立杆的接长、 连墙件的连接、 扣件的紧固程度。（满分3分，每条1分，给满为止）

5.（本小题6分）

（1）载荷限制装置、 行程限位装置、 吊钩、 滑轮、 卷筒与钢丝绳。（满分3分，每条1分，给满为止）

（2）先将吊物吊离地面 200～500 mm后，检查 机械状况、 制动性能、 物件绑扎情况 等，确认无误后方可起吊。（满分3分，每条1分，给满为止）

◎ **案例四**

1.（本小题5分）

（1）理由1：自招标文件开始发出之日起至投标人提交投标文件截止之日止，最短 不得少于20天。（0.5分）

理由2：招标人应将各投标人的 全部投标疑问书面回复给所有投标人。（0.5分）

理由3：采用工程量清单计价的工程， 计价风险不包括国家政策变化引起的风险。（0.5分）

理由4：招标控制价公布后，不应上调或下浮。（0.5分）

【学天解析】此部分内容出自《中华人民共和国招标投标法实施条例》，二级建造师《建筑工程管理与实务》教材中已删除，但二级建造师《建设工程法规及相关知识》教材中仍保留。

（2）合同内容、承包范围、工期、造价、计价方式、质量要求。（满分3分，每条1分，给满为止）

2.（本小题6分）

（1）直接成本＝人工费＋材料费＋机械费＋措施项目费＝390＋2100＋210＋160 ＝ 2860（万元）（1分）

间接成本＝管理费＋规费＝150＋90＝ 240（万元）（1分）

施工成本＝直接成本＋间接成本＝2860＋240＝ 3100（万元）（1分）

（2）工程量清单的 使用范围、计价方式、竞争费用、风险处理、工程量清单编制方法、工程量计算规则。（满分3分，每项1分，给满为止）

3.（本小题5分）

（1）投标报价编制的依据：①工程量清单计价规范；②国家或省级、行业建设主管部门颁发的计价办法；③企业定额，国家或省级、行业建设主管部门颁发的计价定额；④招标文件、工程量清单及其补充通知、答疑纪要；⑤建设工程设计文件及相关资料；⑥施工现场情况、工程特点及拟定的投标施工组织设计或施工方案；⑦与建设项目相关的标准、规范等技术资料；⑧市场价格信息或工程造价管理机构发布的工程造价信息；⑨其他的相关资料。（满分3分，每条0.5分，给满为止）

（2）人、料、机总费用：（7＋1＋2）×35000＝350000（元）。

管理费：350000×14%＝49000（元）。

利润：（350000＋49000）×8%＝31920（元）。

综合单价：（350000＋49000＋31920）÷20000≈ 21.55（元/m³）（2分）。

4.（本小题4分）

不调值部分比重：$a_0＝1－（0.15＋0.30＋0.12＋0.15＋0.08）＝0.20$。

实际结算价款＝$p_0(a_0＋a_1\dfrac{A}{A_0}＋a_2\dfrac{B}{B_0}＋a_3\dfrac{C}{C_0}＋a_4\dfrac{D}{D_0}＋a_5\dfrac{E}{E_0})$

＝14250×（0.2＋0.15×1.12÷0.99＋0.3×1.16÷1.01＋0.12×0.85÷0.99＋0.15×0.80÷0.96＋0.08×1.05÷0.78）（2分）

≈ 14962.13（万元）（2分）

通关必做卷三（冲刺阶段测试）

一、单项选择题

1.【参考答案】C

【学天解析】住宅、托儿所、幼儿园、中小学及少年儿童专用活动场所的栏杆必须采用防止攀登的构造，当采用垂直杆件做栏杆时，其杆件净间距不应大于0.11 m。

2.【参考答案】B

【学天解析】间接作用是指在结构上引起外加变形和约束变形的其他作用，例如温度作用、混凝土收缩、徐变等。

3.【参考答案】C

【学天解析】Ⅱ类冻融环境的劣化机理是反复冻融导致混凝土损伤。

4.【参考答案】C

【学天解析】水泥的体积安定性是指水泥在凝结硬化过程中，体积变化的均匀性。如果水泥硬化后产生不均匀的体积变化，即所谓体积安定性不良，就会使混凝土构件产生膨胀性裂缝，降低建筑工程质量，甚至引起严重事故。因此，施工中必须使用安定性合格的水泥。

5.【参考答案】B

【学天解析】防火涂料施工可采用喷涂、抹涂或滚涂等方法。涂装施工通常采用喷涂方法施涂，对于薄型钢结构防火涂料的面层装饰涂装也可采用刷涂或滚涂等方法施涂。

6.【参考答案】D

【学天解析】砌筑砂浆配合比应通过有资质的实验室，根据现场实际情况试配确定，并同时满足稠度、分层度和抗压强度的要求。

7.【参考答案】D

【学天解析】各种钢筋下料长度计算如下：

（1）直钢筋下料长度＝构件长度－保护层厚度＋弯钩增加长度；

（2）弯起钢筋下料长度＝直段长度＋斜段长度－弯曲调整值＋弯钩增加长度；

（3）箍筋下料长度＝箍筋周长＋箍筋调整值。

8.【参考答案】B

【学天解析】电渣压力焊适用于现浇钢筋混凝土结构中竖向或斜向（倾斜度在4∶1范围内）钢筋的连接。直接承受动力荷载的结构构件中，纵向钢筋不宜采用焊接接头。

9.【参考答案】C

【学天解析】砂浆的拌制及使用：

（1）砂浆现场拌制时，各组分材料应采用重量计量。

（2）砂浆应采用机械搅拌，搅拌时间自投料完算起，应为：①水泥砂浆和水泥混合砂浆不得少于120 s。②水泥粉煤灰砂浆和掺用外加剂的砂浆不得少于180 s。③掺液体增塑剂的砂浆，应先将水泥、砂干拌混合均匀后，将混有增塑剂的拌合水倒入干混砂浆中继续搅拌；掺固体增塑剂的砂浆，应先将水泥、砂和增塑剂干拌混合均匀后，将拌合水倒入其中继续搅拌。从加水开始，搅拌时间不应少于210 s。

10.【参考答案】C

【学天解析】吊杆距主龙骨端部和距墙的距离不应大于300 mm。主龙骨上吊杆之间的距离应小于1000 mm；主龙骨间距不应大于1200 mm。当吊杆长度大于1.5 m时，应设置反支撑。当吊杆与设备相遇时，应调整增设吊杆。

11.【参考答案】A

【学天解析】单位工程质量验收程序和组织：①单位工程完工后，施工单位应组织有关人员进行自检；②总监理工程师应组织各专业监理工程师对工程质量进行竣工预验收；③存在施工质量问题时，应由施工单位整改；④预验收通过后，由施工单位向建设单位提交工程竣工报告，申请工程竣工验收；⑤建设单位收到工程竣工报告后，应由建设单位项目负责人组织监理、施工、设计、勘察等单位项目负责人进行单位工程验收。

12.【参考答案】D

【学天解析】民用建筑按地上高度和层数分类如下：

（1）单层或多层民用建筑：建筑高度不大于27.0 m的住宅建筑、建筑高度不大于24.0 m的公共建筑及建筑高度大于24.0 m的单层公共建筑。

（2）高层民用建筑：建筑高度大于27.0 m的住宅建筑和建筑高度大于24.0 m，且不大于100.0 m的非单层公共建筑。

（3）超高层建筑：建筑高度大于100 m的民用建筑。

13.【参考答案】A

【学天解析】门窗安装应采用预留洞口的方法施工，不得采用边安装边砌口或先安装后砌口的方法施工。金属门窗的固定方法应符合设计要求，在砌体上安装金属门窗严禁用射钉固定。

14.【参考答案】B

【学天解析】屋面节能工程应对下列部位进行隐蔽工程验收，并应有详细的文字记录和必要的图像资料：

（1）基层及其表面处理；

（2）保温材料的种类、厚度、保温层的敷设方法，板材缝隙填充质量；

（3）屋面热桥部位处理；

（4）隔汽层。

15.【参考答案】B

【学天解析】投标人撤回已提交的投标文件，应当在投标截止时间前书面通知招标人。招标人已收取投标保证金的，应当自收到投标人书面撤回通知之日起5天内退还。投标截止后投标人撤销投标文件的，招标人可以不退还投标保证金。

16.【参考答案】B

【学天解析】现场临时用水包括生产用水、机械用水、生活用水和消防用水四部分。临时消防竖管管径不得小于75 mm。临时消防竖管不得兼作施工用水管线。

17.【参考答案】D

【学天解析】安全标志分为禁止标志、警告标志、指令标志和提示标志四大类型。

18.【参考答案】A

【学天解析】建设单位应按国家有关法规和标准的规定向城建档案管理部门移交工程档案，并办理相关手续。有条件时，向城建档案管理部门移交的工程档案应为原件。

19.【参考答案】C

【学天解析】浆料应在制备后30 min内用完；预制墙板可采用插放或靠放的方式，堆放工具或支架应有足够的刚度，并支垫稳固，采用靠放方式时，预制外墙板宜对称靠放、饰面朝外；预制水平类构件可采用叠放方式，层与层之间应垫平、垫实，各层支垫应上下对齐；在吊装过程中，吊索与构件的水平夹角不宜小于60°，不应小于45°。

20.【参考答案】B

【学天解析】在施工缝处继续浇筑混凝土时，应符合下列规定：①已浇筑的混凝土，其抗压强度不应小于1.2 N/mm^2；②对已硬化的混凝土表面，应清除水泥薄膜和松动石子以及软弱混凝土层，并加以充分湿润和冲洗干净，且不得有积水；③在浇筑混凝土前，宜先在施工缝处铺一层水泥浆（可掺适量界面剂）或与混凝土内成分相同的水泥砂浆；④混凝土应细致捣实，使新旧混凝土紧密结合。

二、多项选择题

21.【参考答案】BCD

【学天解析】施工缝的留置位置应符合下列规定：有主次梁的楼板，垂直施工缝应留设在次梁跨度中间的1/3范围内；墙的垂直施工缝宜设置在门洞口过梁跨中1/3范围内，也可留设在纵横交接处；楼梯梯段施工缝宜设置在梯段板跨度端部的1/3范围内；单向板施工缝应留设在平行于板短边的任何位置。

22.【参考答案】ABCD

【学天解析】根据基础深度宜分段分层连续浇筑混凝土，一般不留施工缝。各段层间应至少在混凝土初凝前相互衔接，每段间浇筑长度控制在2000～3000 mm，做到逐段逐层呈阶梯形向前推进。

23.【参考答案】BCD

【学天解析】对跨度不小于4 m的现浇钢筋混凝土梁、板，其模板应按设计要求起拱；当设计无具体要求时，起拱高度应为跨度的1/1000～3/1000。

24.【参考答案】CD

【学天解析】雨期施工期间，对水泥和掺合料应采取防水和防潮措施，并应对粗、细骨料含水率实时监测，及时调整混凝土配合比。应选用具有防雨水冲刷性能的模板脱模剂。浇筑板、墙、柱混凝土时，可适当减小坍落度。雨天施焊应采取遮蔽措施，焊接后未冷却的接头应避免遇雨急速降温。

25.【参考答案】AB

【学天解析】主要影响因素有立杆间距、水平杆的步距、立杆的接长、连墙件的连接、扣件的紧固程度。

26.【参考答案】ACD

【学天解析】为保证物料提升机整体稳定，采用缆风绳时，高度在20 m以下可设1组。外用电梯底笼周围2.5 m范围内必须设置牢固的防护栏杆，进出口处的上部应根据电梯高度搭设足够尺寸和强度的防护棚。固定式塔吊的基础施工应按设计图纸进行，其设计计算和施工详图应作为塔吊专项施工方案内容之一。施工现场多塔作业时，塔机间应保持安全距离，以免作业过程中发生碰撞。遇风速在12 m/s（或六级）及以上大风、大雨、大雪、大雾等恶劣天气时，应停止作业，将吊钩升起。

27.【参考答案】BDE

【学天解析】按汇总表的总得分和分项检查评分表的得分，将建筑施工安全检查评定划分为优良、合格、不合格三个等级。

28.【参考答案】ACDE

【学天解析】工程竣工文件可分为竣工验收文件、竣工决算文件、竣工交档文件、竣工总结文件4类。

29.【参考答案】CDE

【学天解析】《中华人民共和国环境噪声污染防治法》第六十三条规定："夜间"是指晚二十二点至晨六点之间的期间。

30.【参考答案】BCD

【学天解析】人工挖孔桩工程属于危大工程范围，而开挖深度16 m及以上的人工挖孔桩工程才属于超过一定规模的危大工程范围；滑模、爬模、飞模、隧道模等工程属于超过一定规模的危大工程范围；施工高度50 m及以上的建筑幕墙安装工程属于超过一定规模的危大工程范围；水下作业工程属于超过一定规模的危大工程范围；装配式建筑混凝土预制构件安装工程属于危大工程范围，满足重量1000 kN及以上的大型结构整体顶升、平移、转体等施工工艺的条件下才属于超过一定规模的危大工程范围。

三、实务操作和案例分析题

◎ 案例一

1.（本小题6分）

（1）不妥1：单位工程施工组织设计由项目技术负责人主持编制。（1分）

正确做法：单位工程施工组织设计由项目负责人主持编制。（1分）

不妥2：单位工程施工组织设计由项目负责人审核。（1分）

正确做法：单位工程施工组织设计由施工单位主管部门审核。（1分）

（2）不正确。（1分）

理由：单位工程施工组织设计中应包括建筑节能工程的施工内容。（1分）

2.（本小题6分）

不妥1：节能工程施工的时间段安排（外墙外保温层只在每日气温高于5℃的11～17时之间进行施工，其他气温低于5℃的时段均不施工）。（1分）

理由：外保温工程施工期间以及完工后24 h内，基层及环境空气温度不应低于5℃。（1分）

不妥2：节能工程验收在竣工验收以后进行。（1分）

理由：建筑节能分部工程的质量验收，应在检验批、分项工程全部验收合格的基础上，在单位竣工验收前进行。（1分）

不妥3：施工单位项目经理组织验收。（1分）

理由：建筑节能工程验收应由项目**总监理工程师**组织（主持）。（1分）

3.（本小题6分）

（1）**错误之处：工作F的自由时差为0**。（1分）

（2）**工作C自由时差为2（周）**。（1分）

（3）**工作F总时差为1（周）**。（1分）

（4）**计算工期为14周**。（1分）

（5）**关键线路：A→D→E→H→I**。（2分）

4.（本小题2分）

（1）**成立**。（1分）

（2）其合理的索赔天数为**1 d**。（1分）

◎ **案例二**

1.（本小题5分）

总监理工程师做法：**正确**。（1分）

预应力管桩的施工程序还有：**再锤击沉桩、送桩、收锤、转移桩机**。（满分4分，每条1分，给满为止）

2.（本小题6分）

不妥1：**木工棚内配置了2只灭火器**。（1分）

正确做法：临时木料间、油漆间、木工机具间等，每25 m² 配置1只灭火器，区域面积为90 m²，因此**至少配置4只灭火器**。（1分）

不妥2：**灭火器放置在不显眼的角落处**。（1分）

正确做法：灭火器应设置在**明显的位置**，如房间出入口、通道、走廊、门厅及楼梯等部位。（1分）

不妥3：**消防车道宽度3.5 m**。（1分）

正确做法：消防车道宽度**不应小于4 m**，因此应增宽车道。（1分）

3.（本小题6分）

错误1：总监理工程师组织专项方案专家论证会。（1分）

理由：应由**施工单位**组织专项方案专家论证会。（1分）

错误2：其中1名专家是该工程设计单位的总工程师。（1分）

理由：与本工程**有利害关系**的人员不得以专家身份参加专家论证会。（1分）

错误3：建设单位没有参加专项方案专家论证会。（1分）

理由：**建设单位项目负责人**应参加论证会（或建设单位应参加论证会）。（1分）

4.（本小题3分）

（1）工程施工安全防护"三宝"：安全帽、安全带、安全网。（满分1.5分，每条0.5分，给满为止）

（2）事故隐患整改"三定"原则：定人、定时间、定措施。（满分1.5分，每条0.5分，给满为止）

◎ 案例三

1.（本小题5分）

（1）B点高程是73.061 m。（1分）

（2）结构施工测量的主要内容有：主轴线内控基准点的设置、施工层的放线与抄平、建筑物主轴线的竖向投测、施工层标高的竖向传递。（满分4分，每条1分，给满为止）

2.（本小题5分）

（1）正确做法1：发现异常情况，应会同勘察、设计等有关单位进行处理。（1分）

正确做法2：基坑验槽应由总监理工程师或建设单位项目负责人组织。（1分）

正确做法3：基坑验槽时还应有建设、设计、勘察、施工单位的项目负责人及施工单位技术质量负责人参加。（1分）

（2）重点观察柱基、墙角、承重墙下或其他受力较大部位。（满分2分，每条0.5分，给满为止）

3.（本小题6分）

（1）不妥1：随机选择了一辆处于等候状态的混凝土运输车放料取样。（1分）

正确：浇筑地点随机取样。（1分）

不妥2：抗渗试件一组3块。（1分）

正确：抗渗试件一组6块。（1分）

（2）至少应留置10组标准养护抗压试件。（2分）

4.（本小题4分）

100 m长HRB400盘圆钢筋经冷拉调直后最多能拉伸至101 m（100×1.01＝101）。（2分）

101÷2.35≈42.98，即最多能加工42套。（2分）

◎ 案例四

1.（本小题6分）

（1）预付款：$25025 \times 10\% = 2502.50$（万元）。（1分）

（2）预付款的起扣点：$25025 - 2502.50 \div 60\% \approx 20854.17$（万元）。（1分）

（3）工程预付款是为该承包工程开工准备 和准备主要材料、结构件 所需的流动资金，不得挪作他用。（满分4分，每条2分，给满为止）

2.（本小题6分）

错误1：机械一次开挖至设计标高。（1分）

正确做法：机械挖土时，基底以上200～300 mm厚土层应采用人工配合挖除。（1分）

错误2：运输车辆遗撒大量渣土。（1分）

正确做法：应严密覆盖防止遗撒。（1分）

错误3：提前2天安排2：8灰土搅拌。（1分）

正确做法：当天搅拌的2：8灰土不得隔夜使用（要当天使用完）。（1分）

3.（本小题4分）

索赔费用＝人员窝工费＋机械租赁费＋管理费＋保函手续费＋资金利息＋专业分包停工损失费（2分）$= 18 + 3 + 2 + 0.1 + 0.3 + 9 = 32.40$（万元）（2分）

4.（本小题4分）

（1）总监理工程师 应组织各专业监理工程师对工程质量进行竣工预验收。（1分）

（2）施工单位项目负责人、项目技术负责人等参加。（满分2分，每条1分，给满为止）

（3）建设单位项目负责人 组织竣工验收。（1分）

学习笔记